迷你物理学

修饼 著

电子工业出版社·
Publishing House of Electronics Industry
北京·BEIJING

内 容 简 介

本书分为上下两部分，上部分系统性地介绍了 100 个常见的物理概念，涵盖宇宙学、量子力学、热力学等，是简单易读的物理学入门读物，其中没有复杂的数学公式，读者可以轻松上手。

下部分是关于物理学思维的内容。学习物理知识，关键是习得它背后的思考方式。物理对人们世界观的改变是巨大的，所以作者选取了一些对自己有触动的话题放在书中，比如什么是科学之美、什么是混沌、什么是牛顿的世界观，等等。

希望本书能让初学者轻松跨过物理学的门槛，开启探索自然的美妙旅程。

图书在版编目（CIP）数据

迷你物理学 / 修饼著. —北京：电子工业出版社，2023.9

ISBN 978-7-121-46290-0

Ⅰ. ①迷… Ⅱ. ①修… Ⅲ. ①物理学 Ⅳ. ①O4

中国国家版本馆 CIP 数据核字（2023）第 172981 号

责任编辑：张月萍　　文字编辑：戴　新

印　　刷：中国电影出版社印刷厂

装　　订：中国电影出版社印刷厂

出版发行：电子工业出版社

　　　　　北京市海淀区万寿路 173 信箱　　邮编：100036

开　　本：880×1230　　1/32　　印张：8.25　　字数：176.9 千字

版　　次：2023 年 9 月第 1 版

印　　次：2023 年 9 月第 1 次印刷

定　　价：59.00 元

凡所购买电子工业出版社图书有缺损问题，请向购买书店调换。若书店售缺，请与本社发行部联系，联系及邮购电话：（010）88254888，88258888。

质量投诉请发邮件至 zlts@phei.com.cn，盗版侵权举报请发邮件至 dbqq@phei.com.cn。

本书咨询联系方式：faq@phei.com.cn。

序言　科普和我们有什么关系

几乎每个科普作者在做科普的时候，都会考虑到自己的受众和与之对应的风格，这里我想分享一下我做科普时的感受。

一、迷你

这本书的名字叫《迷你物理学》，它最重要的风格就是"迷你"，每个知识点的内容都追求尽可能短。我曾经收到一些朋友的疑惑，为什么要用快餐式的方式讲物理呢，这么短的篇幅很难把物理深奥的知识点讲明白，蜻蜓点水地学些粗浅的知识又有何用？

这就要看我们面对的受众是谁了，如果是在校物理专业学生、物理专业人士、资深物理爱好者，我想他们是不需要看这本书的，对于他们来讲书里都是一些近乎常识的内容。我脑子里构想的受众都是非物理专业人士，比如服装店店员、银行从业人员、电影工作者等。我在写作时会经常把自己的同事当作参照系，他们的工作跟物理没有一点儿关系，可以不用关心任何科学进展，照样能把生活过好，假设扔给他们一本厚厚的物理书，比如《费曼物理学讲义》之类的，他们是不会看的，内容太多意味着有很高的阅读门槛，就算耐着性子读下去，发现太难了就会立马放弃。对大部分人来说没必要费这么大劲来学习物理，所以内容短浅是让物理进入普通人视野最好的方式，只有尽可能降低学习门槛，减少阅读摩擦力，才能让物理更容易被接纳。在我过往的观念里，物理是中学教科书中枯燥的计算和复杂的概念，相对论、量子力学这些太难了，压根不是我们可以学的，但实际上，这些看似生涩的知识相当平易近人，完全不需要数学功底，光靠阅读理解就能了解它们的粗浅概念，所以我希望用一本书把物理学涉及的常见概念和它背后的哲学讲一讲。物理学可以学得很轻盈。

那普通人学一些粗浅的物理学有什么用呢？我的答案一直都是：娱乐。

娱乐是人的天性，学物理跟看电影、听音乐、打游戏是一样的，都是一种打发时间的方式，既然可以打游戏、看电影来消磨时间，为什么就不能学物理呢？我学物理的动因就是因为我太爱看热闹了，物理学就很热闹，它能让你看见黑洞、看见弯曲的时空、看见各种鬼魅的现象，符合我想要看稀奇的心理需求。刷短视频久了我会感到虚无，但学物理久了会感到充实。对于我来说，学物理是很好的休闲娱乐方式。我并不特殊，所以我猜一定还有很多人跟我一样，可以感受到学物理放松的一面。学习粗浅的物理知识，就是进入这条路的门槛。

既然学习粗浅的物理知识就可以了，那么为什么不直接看百度词条呢？一直以来，都有网友调侃我讲的内容就是从百度百科搬运来的二手知识。我其实想反驳一下。大家可以去查一下百度词条的物理词条，大多数知识点非常复杂，很少有小白能看懂的，比如百度对黑洞的解释是："黑洞是现代广义相对论中，存在于宇宙空间中的一种天体，黑洞的引力极其强大，使得事件视界内的逃逸速度大于光速。故而，黑洞是时空曲率大到光都无法从其事件视界逃脱的天体。"这段话对于普通人来说非常拗口，像广义相对论、事件视界、逃逸速度、时空曲率这些词有一定的理解门槛，小白是看不懂的。所以，科普作者没有自己的话术是不行的。另外，百度词条的篇幅通常比较长，我倾向于"短平快"的内容，篇幅不同，意味着表达结构完全不同。

我不理解什么是二手知识，所有物理知识都是科学家一手研究再传播给他人的，如果非要论知识是否嫡出，除了科学家本人，其他人拿到的都是二手内容。知识就是知识，无论从哪里学到，只要是被精准传达的，都不应该贬值，我们就是要站在巨人的肩膀上传播他们的智慧结晶。当然，知识虽然无所谓一手、二手的，但表达方式需要一手的，我希望能找到自己的表达结构，至少我讲的内容必须是自己完全理解的，有我的自主知识架构的。

二、答案的层级

我在做物理科普时，总有网友说听不懂。确实我在解释问题的时候，有时会用一个复杂的概念去解释另一个复杂的概念，我并没有意识到我的解释本身也需要解释，同时为了压缩篇幅，没有足够的空间去把所有概念都说清楚，所以在做科普时，常常面临一个问题：究竟应该把答案解释到哪个层级，才能让读者看懂？

比如一个问题，苹果为什么落地？因为存在万有引力。那么为什么存在万有引力呢？因为地球质量太大，弯曲了时空，改变了周遭物体的运动方向。为什么地球质量大就可以弯曲时空，而苹果就不会？其实有质量的物体都会弯曲时空，只不过质量大的物体造成的弯曲程度大，质量小的物体造成的弯曲程度小到可以忽略不计。为什么有质量就可以弯曲时空？为什么物体会有质量？……

对每一个物理问题都可以像套娃似的，一层层追问下去，直到问出那个永远无法解答的问题，最后发现问题的尽头没有答案。你看，同一个问题的答案是有层级的，对于不同的人，想要得到的答案层级是不一样的，我很难掌握所有人想要理解的那个层面，只知道我自己感兴趣的层面，所以大部分时候，我只能不停地去回想自己当初刚学物理时的感觉，但其中的悖论在于，当我们真正学懂一个知识后，就很难回到不懂时的状态了，会忘记自己在不懂时是怎么想的。

比如，熵增是一个广为人知的热力学概念，但我曾经真的不理解什么是熵，认为它太抽象了，可我鬼使神差地在某一天突然茅塞顿开，明白了这个概念的来源及它在统计学上的意义。自此之后，我又开始不明白，为什么这么显而易见的概念，几年前的我就想不通，完全忘记了我作为小白时的茫然状态。所以做科普需要想象力，想象作为一张白纸的状态，学习如何"简易又准确地表述"。

三、表达的严谨性

科普到底是语文工作还是物理工作？我时常感觉做物理科普是在做语文题，因为理解基本的物理知识并不难，难是难在如何让表达不失真，需要在语言上精准定义物理概念，同时还要用尽量朴实的语言。可是，有些物理场景真的太抽象了，在传达的时候只能用近似的语言，包括教科书都在精准度上做了些让步，为了把知识点简化，势必会牺牲一些准确性。

比如电子，我上中学那会儿时常在物理课本上看到一张原子示意图，这张图上的电子被画成一颗小圆球围绕着原子核旋转，包括《生活大爆炸》的片头都用过这个画面，可实际上电子并不长这样，没有任何科学家直接观察过电子的形态。科学家通过观察射线的轨迹推导出存在一种带负电的粒子，这种带负电的粒子被命名为电子，电子真实的模样无从得知，至少可以确定电子不是圆球状的。这张原子示意图虽然不准确，但能很好地传播知识，便于理解。大家对原子形态理解个六七成就够了，如果真的很感兴趣，可以再找别的资料深入学习。除了电子，还有像自旋、量子叠加等概念在现实生活中找不到具象的对应，只能靠一些近似的描述来让人理解。

除了表达上的近似性，连物理本身都是一种近似的模型。物理是对宇宙的一种描述，宇宙过于复杂，做不到对任何细节都精确计算，只有建立一个模型便于我们理解，以及在一定程度上预测未来，理论值和实验值存在误差很常见，像一些复杂的非线性系统，如果不做近似的研究很难解析问题。

科学很难做到百分百精准，科普也不行。为了尽量减少表达上的失真，我养成了一些小癖好，比如会刻意回避使用比喻（但大部分情况下不得不使用比喻），因为比喻容易让意思走样，让大家理解错位；也尽量不讲故事，有些作者会为了降低理解难度，讲很多小故事，在故事里镶入科学道理，让读者脑补一些科学家在搞新发明时的场景和心理活动，这也是我不擅长且会刻意回避的。我担心太多的故事会稀释真正有效的信息；我也不习惯融入太多个人情绪化的描述，担心影响意思的传达。

对我来说，做科普就是在维系自己与科学的关系，之所以要维系这段关系，是因为它会让我体会到物理背后的精神，是快乐的。作为一个业余科普作者，我需要觉得自己是在从事科学事业，是科学传播者，是科学家的下游。

目录

下　/169

上

1. 黑洞

黑洞不是一个洞，而是一种星体。它原本是一颗质量超级大的恒星，在临近生命尽头时，燃烧完自身所有的燃料后熄灭，残余的部分因为自身质量太大，中心没有足够的能量把球体支撑起来，使得它在引力的作用下不停地向中心收缩，最终坍缩成一颗密度无限大体积无限小的星体。

因为质量太大，使得黑洞的引力大到无法想象，周遭的一切都会被吸附进去，连光都无法逃脱，无法从里面射出来，所以我们认为它像一个黑黑的洞。同样在引力的作用下，黑洞里的时空也被严重挤压，弯曲到没有意义，现有的物理规则在里面都不起作用，我们根本不知道黑洞里面究竟是什么，它是最为极端的宇宙存在。

另外，首张人类拍摄的黑洞照片于 2019 年 4 月 10 日问世，所拍摄的这个黑洞位于 M87 星系，距离地球大约 5500 万光年，质量约为太阳的 65 亿倍。

2. 白矮星

白矮星、中子星、黑洞是恒星死亡后的三种形态，一颗恒星最终成为什么很大程度取决于它生前的质量。白矮星是中小质量恒星的演化终点，也是太阳的最终归宿。

恒星之所以发光，是因为它内部进行着剧烈的核聚变反应，当燃料耗尽，核聚变反应无法维系，就意味着它死亡的到来。此时，恒星的外层部分向外膨胀，最终发生解体，向太空扩散变成星云，而剩下的内核部分不仅不会膨胀，反而会因为无法产生向外支撑的能量，而在引力的作用下逐渐收缩，萎缩成如地球一般大小，此时其密度很大，还有很高的温度，泛着白色光芒，这个部分就叫作白矮星。

宇宙中 97% 的恒星都会演化成白矮星，理论上它们会随着温度的耗散逐渐变得黯淡，最终冷却成不发光的黑黑的死球，变成黑矮星。不过，白矮星的持续期非常长，演化成黑矮星还需上万亿年，远远超过目前宇宙的年龄，所以黑矮星在现阶段还只是理论构想，并不真的存在。现阶段发现的著名白矮星 BPM37093 距离地球约 50 光年，它的温度已经非常低，使得内部已经碳结晶化，结构类似于钻石，成为了一颗名副其实的"钻石"星球。这颗悬挂在宇宙中的超级大"钻石"被命名为 Lucy，得名于披头士乐队的一首歌："Lucy in the Sky with Diamonds"。

3. 中子星

什么是中子星呢？中小质量的恒星死亡后会变成白矮星，超大质量的恒星死亡后会变成黑洞，但有些恒星的质量比成为白矮星的恒星大，又比能成为黑洞的恒星小，它们就会变成中子星。

中子星的形成过程和白矮星类似。恒星在晚年时期，中心的燃料被消耗殆尽，无法产生足够的能量来支撑自身体积，于是在引力的作用下急速坍缩，引发一系列失控的反应，发生剧烈超新星爆炸，爆炸后剩下的残骸如果大于 1.4 倍太阳质量，则还会继续坍缩，把体内的质子和电子挤压成中子，变成中子星。中子星的密度非常大，每立方厘米有上十亿吨，引力极强，就连附近的光都会被引力拉弯，只能呈抛物线的形式逃逸。

中子星的自转非常快，一秒钟可以转几圈或几十圈，并且有很强的磁场，不停地向外释放电磁波，电波会因为自转而呈现为周期性的脉冲波。科学家可以通过捕捉脉冲波信号来探测中子星，现阶段发现的所有脉冲星都是中子星，但中子星不全是脉冲星。

值得一提的是，一颗恒星最终的演化形态跟它的质量有很大关系，但是其中并没有一个明确的界限。一般认为，一颗白矮星如果大于 1.44 倍太阳质量（钱德拉塞卡极限值），会继续发展为中子星；而如果一颗中子星的质量大于 1.5 至 3.2 倍太阳质量（奥本海默·沃尔科夫极限值），则会继续发展为黑洞。

4. 超新星

超新星是大质量恒星在自己生命晚期所经历的一种非常激烈的死亡方式。

能演化成超新星的恒星，其质量至少都超过太阳八倍，它们在生命的晚期，燃料已经消耗得差不多了，中心开始逐渐冷却，由于无法产生足够的热量抗衡自身强大的引力，星体会快速坍缩，使得内部结构失衡，引发超级剧烈的爆炸。它爆炸时的亮度非常大，光度甚至能盖过整个星系，持续时间可达几个月，看起来就像诞生了一颗超级亮的星星一样，所以把这种恒星爆炸叫作超新星。

除上述这种形成机制外，超新星还可能诞生于白矮星的爆炸。有些白矮星是有自己的伴星的，也就是有一颗跟自己互相环绕的恒星，白矮星从这颗恒星中不断吸收质量，当达到 1.44 倍太阳质量时，同样会受到巨大引力的作用，发生大规模的超新星爆炸。

超新星爆炸后产生的残骸，就像一个向外扩张的气团，看起来非常梦幻。不过，超新星还不是恒星演化的终点，而只是中间过程，发生了超新星爆炸的恒星通常会进一步演化，最终变成中子星或黑洞。

5. 流星和流星雨

　　太阳系里除了太阳、地球、月亮等各种星球，还有很多固体尘埃。当这些固体尘埃运动到接近地球的位置时，会受到地球引力的吸附作用而靠近地球，从而进入大气层并与之剧烈摩擦，发生燃烧产生光和热，在天空中划过一道光迹，这种现象就是流星。它是偶发性的，其落到地球上的残骸则是陨石。

　　那什么是流星雨呢？它跟彗星有关，彗星在运动时会时不时在其轨道上撒下固体碎片，当地球运动到跟彗星轨道相近的地方时，这些固体碎片会因为地球引力跑向地球，它们成群结队地撒向地球，看起来就像是从同一个点辐射过来似的，这就是流星雨。流星雨辐射点的方向是以星座命名的，比如狮子座流星雨就是从狮子座的方位辐射来的，但实际上流星雨跟星座没什么直接关系，这么命名只是为了方便我们判断流星雨的方向而已。一般来说，流星雨中的个体大多数个头比较小，会在大气中销毁，能够落到地面上的碎片也叫作陨石。

6. 宇宙到底有多大

有哲学家说人无法想象一个无限大的空间，那么宇宙是不是无限大呢？现在科学家观测到的宇宙最远距离是 465 亿光年，也就是直径为 930 亿光年的宇宙，但这并不意味着 930 亿光年就是宇宙的真实大小，更准确地说，这是我们目前可以观测到的宇宙大小。

之所以能观测到这个范围，是因为科学家能捕捉到的最遥远的光是从这个距离传来的，在这个范围之外的宇宙空间，没有光传到地球，我们看不见，也无法测量。但这里就出现一个问题，宇宙的年龄是 138 亿年，这说明光所走的最远距离是 138 亿光年，为什么能观测到更大的宇宙空间呢？

这是因为宇宙正在加速膨胀，当光走了 138 亿年时，宇宙的直径已经膨胀到 930 亿光年了，也同样因为宇宙膨胀速度可以超过光速，使得远处的光可能永远无法传到地球，所以宇宙的实际大小是否比 930 亿光年更大，我们还没有确切的答案。

7. 红移

红移是一种多普勒效应。多普勒效应指的是，当一个波的波源在远离我们时，我们会感觉到这个波的波长被拉长，频率降低；当波源在逐渐靠近我们时，我们会感觉到这个波的波长被压缩，频率升高。

比如一辆火车鸣着汽笛向我们驶来时，声波的波长会变短，频率变高，我们听到的汽笛声越来越尖；当这辆火车远离我们时，汽笛声的波长变长，频率变低，声音听起来越来越低沉。

多普勒效应不仅适用于声音这样的机械波，也适用于光这样的电磁波。如果一束光的光源离我们越来越远，那么这束光的波长会被拉长，频率越来越低，在光谱上会向长波也就是红光的方向偏移，这就是红移。相反，如果光源离我们越来越近，光波被压缩，在光谱上就会向短波也就是蓝光的方向移动，这就是蓝移。

基于多普勒效应，科学家哈勃观察到远方恒星发出的光正在发生红移，从这些恒星传到地球上的光的波长越来越长，频率在降低，颜色越来越"发红"，由此推测这些天体正在远离我们，并且距离越远的恒星退行速度越快，证实了宇宙正在膨胀的结论。

8. 暗物质

我们日常见到的所有东西都是物质，包括星球、空气、植物等通通是物质，而物质仅仅占整个宇宙的 5%，剩下的则是占 27% 的暗物质和占 68% 的暗能量。暗物质不发光也不反光，我们根本无法观测，那么科学家是怎么推测出它的存在的呢？

我们都知道星系长得像在旋转中的圆盘一样，科学家在观测离我们最近的仙女系时发现，它的旋转速度太快了。按理说这个速度会把边缘的恒星甩出去才对，就像在一个圆盘里放几颗乒乓球，圆盘飞快地旋转，乒乓球就会飞出去一样，可事实上并没有，边缘恒星没有脱轨。这意味着星系中存在巨大的引力，这样才能把边缘的恒星吸附住。但根据可见星体的质量来计算，它们能产生的引力是远远不够的，所以科学家推测一定存在其他物质提供了巨大的引力，才让星系不至于分崩离析，于是他们把这些提供引力的物质叫作暗物质。

暗物质是一种由理论推测而来的假说，虽然已被广泛认同，但由于它不跟任何别的东西发生反应，无法被探测，所以直到现在还没有找到它存在的直接证据，在被证实之前，还不能说它就一定存在。

9. 暗能量

在现有的宇宙标准模型中，暗能量是宇宙的最大组成部分，占宇宙总质能的 68%。它和暗物质一样，不吸收、不反射、不辐射光，现阶段无法被直接观测，那为何我们能察觉到它的存在呢？

科学家发现宇宙一直在膨胀，且膨胀速度越来越快。按理说，宇宙中已经存在这么多物质了，这些物质产生了很大的引力，应该让宇宙往内收缩或者减缓宇宙膨胀速度才对。可事实正相反，宇宙像被吹气球似的越来越大，仿佛存在着某种东西，产生了强大的斥力把宇宙加速撑大。于是，科学家把这种看不见摸不着并产生斥力的东西命名为暗能量。暗能量跟暗物质一样，都未被证实，仍然停留在假说阶段。

不管暗能量是不是真的存在，宇宙都在加速膨胀中，这意味着远方的恒星会离我们越来越远，远离的速度甚至可以超过光速，使其光线无法传到地球。也许未来天空中的星星会越来越少哟！

10. 宇宙微波背景辐射

微波背景辐射是宇宙中最古老的光线，诞生于宇宙大爆炸后的第 38 万年。它携带着宇宙最早期的信息，是宇宙学重要的研究对象。

其实，宇宙在大爆炸初期就已经产生了光子，但由于当时的宇宙密度太大，充满了等离子体，整个状态就像一锅浓稠的糨糊，光子无法穿透，所以此时的宇宙还是黑黢黢的。直到 38 万年后，宇宙因为高速膨胀，空间被越撑越大，密度也随之降低，光子终于冲破束缚，开始在空间中自由地穿梭，第一束光就此诞生。

这束光开始了漫长的旅程，伴随着宇宙膨胀，它经历了充分的红移，波长被大幅拉长，能量越来越低，逐渐变成一种微弱的、无处不在的背景辐射。它太古老了，以至于渗入了宇宙中的每个角落，在宇宙中均匀地分布。

宇宙微波背景辐射最早被发现是在 1964 年，两位工程师彭齐亚斯和威尔逊在检测无线电装置时，发现了一种非常均匀的无线电信号，这个信号在各个方向上几乎一模一样，没有方向性，如果是哪个星体发射的信号，是能探测到方向的，所以他们认为这个信号是弥散在宇宙空间中的宇宙微波背景辐射，是宇宙最早的信号，通过倒推它在 138 亿年前的能量状态，侧面证实了宇宙大爆炸理论。

宇宙微波背景辐射大体上是非常均匀的，但也不是绝对均匀，而是存在极其微小的波动，这反映了宇宙初期的物质分布密度是有起伏的，正是这种起伏为星系的诞生提供了可能，在引力的作用下物质向密度高的位置聚合，从而形成了大尺度的星系，也就是今天宇宙的样子。

11. 奇点

奇点是怎么来的呢？爱因斯坦提出了非常重要的广义相对论场方程，科学家根据这个场方程推导出，存在一些密度无限大体积无限小的点，这些点就叫作奇点，被认为存在于黑洞的中心。因为奇点引力巨大，会使一切变得极其反常，物理定律包括广义相对论在这里都会崩溃失效，原有的理论无法描述它，所谓的时间和空间在此终结。

另外，还有一种说法是我们的宇宙诞生于一场奇点大爆炸，这个奇点跟黑洞中的奇点是一种东西，当奇点处在某种失衡的状态时发生了爆炸，然后经历 138 亿年的漫长膨胀，成了我们现在的宇宙，宇宙膨胀可以看成是黑洞坍缩的一种逆势反弹。

虽然奇点大爆炸的理论很难被直接证实，但它并不是科学家拍脑袋空想出来的，而是有理论依据的。

12. 引力的本质

万有引力中的力其实并不存在，它只是一种假想力，这是为什么呢？

按照广义相对论的解释，引力并不是两个物体之间存在什么相互吸引的力，而是因为物体的质量让时空发生了弯曲，弯曲的时空改变了周遭物体的运动轨迹，让两个物体的运动看起来像是相互吸引似的。也就是说，苹果之所以落地，并不是地球有什么力把苹果往下吸引，而是因为地球的质量很大，弯曲了附近的时空，改变了苹果的运动方向，才让它往地上落。

再举个例子，我们都知道地球是围绕太阳旋转的，看起来像是太阳把地球吸住了一样，但实际上是因为太阳的质量太大了，弯曲了宇宙的局部时空，把原本平整的时空弯曲成有弧度的样子（如图1所示）。我们可以把弯曲后的时空想象成漏斗的形状，地球本来也以为自己是在走直线的，但由于时空已经被弯曲，它不得不在漏斗的坡面上沿着最接近直线的路径运动，看起来就像是绕着太阳转圈似的。就好比你在纸上画了一条直线，然后再把这张纸弯折，纸上面这条线明明是直的，但也会被动地跟着纸一起弯折（如图2所示）。

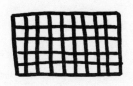

平整的时空　　　　　　　　　被星球"压弯"的时空

图 1

在纸上画一条直线　　　将纸张弯折后，直线也会跟着纸一起弯折

图 2

　　理论上任何有质量的物体都会让时空发生弯曲，只不过日常事物的质量太小了，对时空的弯曲程度可以忽略不计。所以，引力的本质并不是互相吸引，而是时空弯曲。

13. 引力波

什么是引力波呢？根据广义相对论，有质量的物体会引起时空弯曲，质量越大造成的弯曲程度越大，听起来时空就像湖面，如果物体发生了运动，就会搅动时空，产生引力波，就好像一颗石头在湖面上搅动时泛起涟漪一样。

2015年科学家第一次探测到了引力波，这个引力波来自于13亿光年外，有一个36倍太阳质量的黑洞和一个29倍太阳质量的黑洞相撞，这两个黑洞一边旋转一边靠近，它们不仅弯曲了时空，还在运动时搅动了时空，释放出了巨大的引力波，就像两颗巨型球体在湖面上搅动，泛起了巨大的波浪一样，这个波浪就是引力波，它经过漫长的13亿年，穿越浩瀚星辰才到达地球，给我们留下了不到一秒钟的信号，让科学家成功捕捉。

理论上，任何有质量的物体在运动时都会产生引力波，但它太微弱了，无法探测。只有像黑洞这样的超大质量物体在高速运动时，才能产生可观测的引力波。

14. 史瓦西半径

任何有质量的物体都有自己的史瓦西半径，当一个有质量的物体被压缩到它的史瓦西半径以内，就会坍缩成一个黑洞，此时它的密度极大，引力会大到连光都无法逃逸，比如太阳的史瓦西半径是 3 千米，也就是说，如果太阳被压缩到半径 3 千米以内，就会变成一个黑洞。

史瓦西半径并不是黑洞的半径，黑洞的实际半径比它的史瓦西半径更小，只有比它更小才可能成为黑洞。在史瓦西半径区域内，光和各种物体都无法逃脱，以至于史瓦西半径内的事件是无法被观测的，所以人们通常会把史瓦西半径当成黑洞的边界。

15. 相对论

相对论分为广义相对论和狭义相对论，在它们出现之前，我们对世界的认知是基于牛顿经典力学的，认为时间和空间是两个独立的概念，两者之间没有关系，并且不受参照系的影响，有各自固有的属性，也就是时间无论在哪里都是均匀流逝的，空间的尺度无论在哪里也都一样，时空只是所有物理现象发生时的背景。

但相对论颠覆了这一切，重新塑造了时空的概念，它认为时间和空间并不是相互独立的，它们之间有密切的关系，并且时空不是绝对的而是相对的，它们在不同的参照系下会发生相应的变化。时间可以不是均匀流逝的，空间的尺度也不是静止不变的，处在不同运动状态下的观测者观测到的时空是不同的，处在不同位置的观测者观测到的时空也是不同的。理论上，任何两个人因为所处的空间位置不同，所处的时间就是不同的，只不过在日常生活中，这种不同微乎其微，以至于我们察觉不到。所以相对论一般运用于高速运动和强引力场的情况下。

相对论的出现，改变了人们的时空观，时空不再是各种物理现象发生时的背景，它也要参与反应。相对论让人们意识到了牛顿运动定律的局限，牛顿运动定律不能精确描述更大尺度的世界，但是在日常低速运动的情况下，仍然可以作为一种足够精确的近似被广泛运用。

16. 狭义相对论

　　狭义相对论是在两个很重要的前提下推导出来的，一个是光速不变原理，另一个是伽利略相对性原理。

　　光速不变原理是指在任何惯性参照系下观察，真空中的光速都是 299 792 458 m/s，这个数值是恒定的，不会因为参照系的变化而变化。

　　伽利略相对性原理是指所有惯性参照系都是平权的，意思是同样的物理规则在不同惯性参照系里都是一样的，没有哪个参照系是特殊的，比如"距离等于速度乘以时间"这个物理规则不仅在成都成立，在北京、在南极、在宇宙其他地方也都成立，不会因为地理位置发生变化，物理规则就跟着一起变。

　　爱因斯坦根据这两个前提推导出了时间和空间是存在关系的，时空会随着物体运动状态的变化而变化。假设有一艘飞船在空中接近光速运动，那对于在地面上的观测者来说，这艘飞船上的时钟看起来会变慢，尺寸也会变短，但是对于坐在飞船里的人来说，他是感觉不到自己的时间在变慢，也感觉不到自己的空间在变短的，反而他看地面上的时钟，也会感觉地面上的时间流逝速度变慢，尺寸也变小，是相对的。

　　狭义相对论主要研究的是在速度不同或参照系不同的情况下，空间和时间发生的相对变化，它只涉及惯性参照系，也就是静止状态和匀速直线运动状态下的参照系，不涉及加速度。狭义相对论通常应用于超高速甚至接近光速运动的情况下，日常生活中能接触到的物体运动速度很低，所以狭义相对论的效应不明显。

17. 广义相对论

广义相对论和狭义相对论不同的地方在于，狭义相对论不涉及引力，而广义相对论引入了引力，并创造了时空弯曲的概念。时间弯曲意味着时间不是均匀流逝的，空间弯曲意味着空间会发生变形，时空弯曲深刻地影响着物体的运动方式。

引起时空弯曲的原因是物体具有质量，质量越大的物体对时空的弯曲程度越大，呈现出来的引力也越大，引力大的地方时间流逝速度相对更慢，引力小的地方时间流逝速度相对更快。比如，太阳的质量比地球大，所以太阳的引力比地球大，改变了地球的运动轨迹，使得地球围绕着太阳运动。又比如，地球表面的引力比太空的引力更大，所以地面上的时间相对于太空空间站上的时间流逝速度更慢。

广义相对论非常天才的地方在于，爱因斯坦找到了引力和加速度的关系，他认为这两者是等价的。这个想法来自于爱因斯坦的突发奇想，他想如果一个人被推下山，这个人在空中做自由落体运动，此时他感受到的状态跟在太空中失重的状态是一模一样的。试想一下，一个在空中做自由落体运动的人，再闭上眼睛，完全不看周围的环境，这种飘浮的感觉跟宇航员在太空中飘浮的感觉是一样的，都感受不到自身的重量，所以爱因斯坦猜想引力和加速度的效果是一样的。

假如一个宇航员在太空中静止或做匀速直线运动，他会感觉到失重的状态，但如果他现在乘坐宇宙飞船，以加速的方式向上运动，他就能感觉到被飞船托举，也就是能感受到自己的重量，此时如果一束光从飞船的左侧横穿到飞船的右侧，光横穿飞船需要一定的时间，在这段时间里，飞船已经上升了一段距离，所以光在左侧射入点的位置比在右侧射出点更高，看起来这束光就像被弯曲了似的（如图3所示）。既然加速运动对光线有弯曲效果，再根据加速和引力等效的推论，那么就能推导出来引力也会让光线发生弯曲。爱因斯坦说"引力和加速度等效"是他一生中最幸福的思想。

广义相对论阐释了引力的本质，还推导出了黑洞、引力波等一些宇宙现象，它适用于一些宏观大尺度的计算，是宇宙学的理论基础。

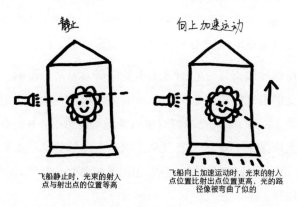

飞船静止时，光束的射入点与射出点的位置等高

飞船向上加速运动时，光束的射入点位置比射出点位置更高，光的路径像被弯曲了似的

图 3

18. 光速不变原理

光速不变原理并不是指光的速度在任何情况下都不发生变化，光在不同介质中的运动速度就是不一样的，比如它在水中的速度就比在真空中要慢。光速不变主要是针对参照系来说的，指的是无论光源如何运动，以及观测者如何运动，只要是在惯性参照系中，测出来的真空光速都是同样的，大约 3×10^8 m/s。

这是很违背常识的，因为我们日常测量任何物体的运动速度都需要找一个参照系，参照系不同，观测到的速度就不同。比如，一个人以 1.5 m/s 的速度在飞驰的火车上行走，跟他在同一个车厢里坐着的人看他的前进速度就是 1.5 m/s，而地面上的人看他的前进速度是火车速度再加上 1.5 m/s，运动速度都是相对的。

光速就比较奇怪，它的速度不受任何参照系的影响。一束光从地面上射出来的速度是 3×10^8 m/s，它从飞驰的火车上射出来的速度还是 3×10^8 m/s，光源的速度对光速毫无影响；我们在地面上测量的光速是 3×10^8 m/s，在飞驰的火车上测量的光速还是 3×10^8 m/s，无论观测者如何运动，测量出的光速都是一样的，这就是光速不变原理。

为什么呢？

1887 年美国科学家迈克尔逊和莫雷做了一个实验，实验显示光速在不同惯性系和不同方向上都是相同的，证实了光速不变，但这个结果在当时还没有理论支撑。爱因斯坦在直觉上相信了光速不变是真的，直接把光速不变作为前提条件推导出了狭义相对论，而狭义相对论在这一百多年的运用中并未发现什么毛病，所以反过来说明了光速不变原理的正确性。但至于光为何有如此与众不同的性质，恐怕只能问问老天爷为什么要如此设计大自然了。

需要注意的是，这里的参照系指的是惯性参照系，也就是静止或做匀速直线运动的参照系，任何惯性参照系都是等价的。如果在非惯性参照系中，也就是存在加速或减速的情况下，真空中的光速还是一致的，但是方向会发生偏转，情况更加复杂一点。

19. 质能方程

质能方程 $E=mc^2$，是爱因斯坦在狭义相对论的基础上推导出来的公式，这个公式的意义在于揭示了能量和质量之间的关系，两者密不可分。

我们一般通过物体的惯性和重量来感知质量，通过物体的速度、热量等形式来感知能量，但实际上能量和质量是一回事，只不过是物质的不同表现形式，一个物体在静止的时候，也存在巨大的能量，当它在运动时，质量也会增加。能量和质量就像一个硬币的两面，只要一个系统中的能量发生了变化，必然伴随着质量的改变。原子弹之所以有巨大的威力，正是遵循了质能方程，在爆炸时产生了质量的亏损，质量发生亏损的过程必然伴随着巨大的能量释放。

很多人说爱因斯坦的质能方程导致了原子弹的诞生，但实际上，质能方程只是描述了原子弹的能量释放过程，并没有解决原子弹的技术难题，对原子弹的制造没有直接的作用。

20. 无法超越的光速

所有物体的运动速度都无法超越真空中的光速，这是为什么呢？

根据爱因斯坦的质能方程，质量等价于能量，当一个物体的运动速度越快时，它的能量就越大，能量越大伴随的质量就越大，当一个物体的运动速度达到光速，它的质量会变得无穷大，那么就需要无穷多的力量去推动它的运行，世界上不存在无穷多的能量，所以也不存在超光速运动的物体。

狭义相对论给出了质量和速度的关系，物体刚开始加速时，质量的增长幅度还比较小，当物体的速度接近光速时，质量的增长会变得异常陡峭（如图 4 所示），加速变得越来越艰难。

光子的静止质量是 0，我们运动得再快也无法超过一个没有质量的东西，假设你的运动速度达到了光速，你的质量会变得无穷大，时间会静止，你看到的一切都被无限压缩，这该是一个多么诡异的场景。

质速关系图

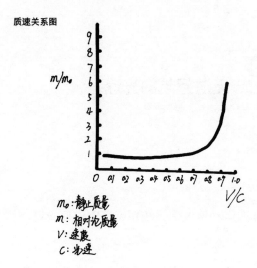

图 4

21. 宇宙中的超光速现象

　　光速其实并非宇宙中最快的速度，像宇宙膨胀速度、量子纠缠速度都可以超过光速，这是否违背了无法超光速的原理呢？

　　没有。

　　这其中最关键的区别在于"是否传递了信息"，一个携带信息的物质永远无法超越真空中的光速，在不传递信息的情况下是可能出现超光速现象的。

　　怎么区分一个现象是否传递了信息呢？物质、数据、能量等都可以视为信息，比如一个物体从 A 点走到 B 点，此物体发生了物理位置上的位移，这就传递了质量，也就是传递了信息，而宇宙膨胀是宇宙空间本身像被吹气球似的越来越大，使得远方的星球在超光速地远离我们，这种远离并不是因为这些星球在超光速地运动，而是宇宙空间被扯大了使得星球被动地远离我们，这就不是信息传递。

　　所以，这个世界上存在超光速的现象，但是不存在超光速的信息传递。

22. 切伦科夫辐射

一个物体在做超光速运动时会发出蓝色的光，这个蓝光是一种电磁波辐射，叫作切伦科夫辐射。

不是说没有任何物体的运动速度能超光速吗，为什么还会存在切伦科夫辐射呢？

其实无法超光速指的是无法超越真空当中的光速，光在其他介质中的传播速度要慢很多，是可以被超越的。比如，某些带电粒子在水中的运动速度就可以超过光子，一旦超过了光速，就会发出蓝色的光。

核反应堆在启动时发出的蓝光，正是切伦科夫辐射。

23. 钟慢尺缩

钟慢尺缩是狭义相对论的相关论断，顾名思义，钟慢就是时间变慢，尺缩就是尺寸缩短。当一个物体相对于观测者的运动速度非常快，甚至快到接近光速时，观测者就会看到这个物体上的时间变慢，物体的长度收缩；当物体的运动速度等于光速时，观测者会看到它的时间静止，长度被无限压缩为一个点。

一个物体好端端地怎么会出现这样被拉伸的情形呢？接下来我们简单推导一下钟慢和尺缩。

A、钟慢

如果在一艘静止的飞船上放一颗小光球，小光球在盒子里有规律地上下往返运动，来回耗时一秒钟，运动距离2L（如图 5 所示），接下来，飞船开始以接近光速向右运动，小球往返一个来回的路程就不再是2L，而是$L_1 + L_2$（如图 6 所示），距离明显变长了，在光速不变的前提下，小光球上下往返的时间会超过一秒钟，时间发生了膨胀，看起来像是时间变慢了，这就是钟慢。

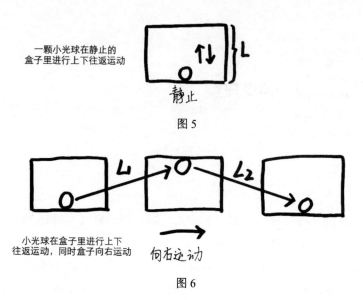

一颗小光球在静止的
盒子里进行上下往返运动

静止

图 5

小光球在盒子里进行上下
往返运动，同时盒子向右运动

向右运动

图 6

B、尺缩

现在有一辆静止的火车，我们观测它的长度是 L，眼睛接收到的光子稳定地从车头 A 和车尾 B 传来（如图 7 所示），使得我们能看到这辆车的原始长度。接下来，火车开始以接近光速向右运动，此时车头的光子传到我们眼中的时间是 T_1，车尾的光子传到我们眼中的时间是 T_2，因为车头离我们的距离更远，且车速非常快，所以 T_1 大于 T_2（如图 8 所示），这意味着 A 处和 B 处的光子没办法同步传到我们眼睛里，当我们接收到车头 A 传来的光子时，同时看到的车尾传来的光子已经又往前挪动一段距离了，所以空间看起来被压扁了。

钟慢尺缩是一种视觉效果，并不是说高速运动的物体真的变短了，也并不是它真的就在做慢动作，而是相对于观测者来说视觉上看起来是这样。这种情况在日常生活中并不显著，当运动速度快到接近光速时才会很明显。

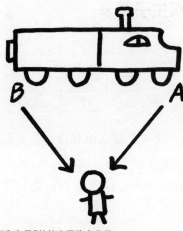

火车静止时，车头A和车尾B处的光子稳定且同步地传到观测者眼中，人眼看到的车身长度是L

图 7

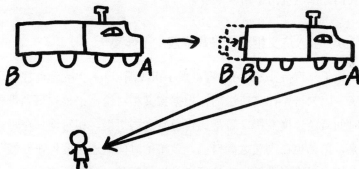

火车高速运动时，由于车头A和车尾B离观测者的距离不一样，所以车头A和车头B处的光子无法同步传到观测者的眼睛里。

当观测者看到车头A传来的光子时，同时看到的车尾已经向前挪动到B_1处了，看起来车身变短了。

图 8

24. 双生子佯谬

双生子佯谬是一个关于狭义相对论的著名思想实验，假设有一对双胞胎，哥哥乘坐宇宙飞船以接近光速到另一个星球 A 旅行，然后再折返，回到地球与弟弟重逢，此时会发现哥哥比弟弟更年轻。

双生子佯谬看起来像是谬论，但实际上是真的，它有两种解释方式，一种是引入广义相对论，一种是只基于狭义相对论。下面我们分别从这两个角度来解答一下。

A、引入广义相对论来解释双生子佯谬

弟弟一直待在地球上，哥哥乘宇宙飞船以 0.8 倍光速前往外星球 A，因为哥哥在高速运动，根据狭义相对论，弟弟观察到哥哥的时间流逝速度变慢，哥哥比自己衰老得更慢，相对地，在哥哥看来，弟弟也在高速远离自己，弟弟的时间流逝速度也在变慢，弟弟比自己衰老得更慢。按理说钟慢效应是对等的，那为什么在地球上重逢时，哥哥还是比弟弟年轻呢？

这就要考虑到广义相对论效应了，广义相对论把加速度和引

力划上了等号，爱因斯坦认为加速度和引力是等效的，哥哥乘坐的飞船经历了速度为 0 到 0.8 倍光速之间的加速和减速的过程，相当于受到了引力，引力会让时间变慢，所以总的来说，还是哥哥的时间会变慢，哥哥最终会比弟弟更年轻。

B、只基于狭义相对论来解释双生子佯谬

弟弟一直待在地球上，哥哥乘宇宙飞船以 0.8 倍光速前往星球 A，此时弟弟和哥哥之间的参照系是 K，在这个参照系中，哥哥和弟弟互相看彼此都是对方衰老得更慢，比自己年轻。

但关键点来了，当哥哥到达星球 A，准备折返时，在调头的一瞬间，因为速度的方向发生了变化，哥哥和弟弟的参照系也变了，不再是原来的参照系 K，而是切换成了 K_1（如图 9 所示），既然参照系都不同了，时间就会发生变化，根据洛伦兹逆变换的时间公式，在哥哥折返的瞬间，他看到弟弟身上的时间发生了暴涨，在哥哥看来，弟弟的时光就像被偷掉似的，突然一下变老了，等哥哥回到地球时，综合算下来，还是哥哥更年轻。

弟弟觉得自己明明是在匀速变老，可在哥哥看来，弟弟是瞬间变老的。原本应该同时发生的事情，因为参照系发生了切换，变得不同步了。

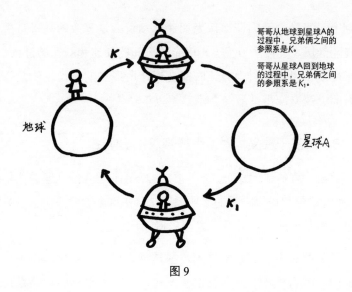

哥哥从地球到星球A的过程中，兄弟俩之间的参照系是K。

哥哥从星球A回到地球的过程中，兄弟俩之间的参照系是K_1。

地球

星球A

图 9

　　所以，无论用广义相对论还是狭义相对论来解释，双生子佯谬都是成立的。

25. 三大宇宙速度

第一宇宙速度是指物体可以挣脱地面的束缚，绕地球做匀速圆周运动的速度，是 7.9 km/s。比如当一个火箭加速到第一宇宙速度的时候，即便不喷火不施加任何动能，它也不会掉回到地面，而是围绕着地球做匀速圆周运动。

第二宇宙速度是指物体可以挣脱地球引力束缚的最小速度，是 11.2km/s。当航天器达到这个速度时，就可以跟地球说再见了，不再绕地球运行，而是在太阳系的轨道上运行。

第三宇宙速度是指物体可以挣脱太阳系引力的最小速度，是 16.7 km/s。当航天器达到这个速度后，就可以在没有任何后续加速的情况下，脱离太阳系引力的束缚，奔往更远的地方。

三大宇宙速度讨论的是，航天器在达到该速度后无须任何外加动能即可维持的运动状态，如图 10 所示。

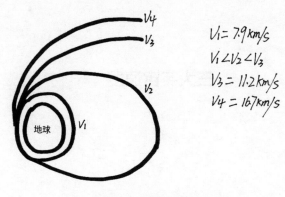

航天器在不同速度下的运动轨迹

图 10

26. 恒星测距

外星球离我们如此遥远，科学家怎么测量它们与我们之间的距离呢？

如果是很近的星球，比如月球，测量方式很简单：可以向月球发射一束激光，大约 2.5 秒后就能接收到月球反射回来的激光，知道光速和传输时间，就能算出我们与月球之间的距离（约 38.4 万千米）。

但一般我们看到的恒星都特别遥远，用发射激光的方式是不行的，此时可以通过观察恒星的亮度来测算距离。那亮度跟距离有什么关系呢？

我们可以想象一下，当一个光源放在我们面前时，我们会觉得它很亮，如果它离我们越来越远，我们看到的光源亮度也会越来越弱，亮度和距离成负相关。恒星也是这样的一个光源，如果我们知道恒星的真实亮度，再对比观测到的亮度，通过亮度差值就能算出它与我们之间的距离。

那如何知道恒星的真实亮度呢？有一类恒星非常特别，它们的真实亮度是可被计算出来的，这类恒星被称为标准烛光，比如造父变星，它们有个特点，亮度非常大，且亮度呈周期性的变化规律，会先变亮后变暗再变亮。天文学家发现，一颗造父变星的亮度变化周期越长，它的亮度越高，光变周期和亮度成正比。那么通过望远镜观察并记录它的亮度变化周期，就能推测出它的真实亮度，再对比我们所看到的亮度，通过亮度差值，就可以算出它及其所在星系距离我们有多远了。

如果一个星系远到连造父变星都看不见了，还可以用红移测距的方法。根据哈勃定律，远方的恒星几乎都在宇宙膨胀的作用下远离地球，使得它们传来的光的波长被拉长，在光谱上往红光的一端移动，这就是红移现象。红移量和距离成正比，越远的星系红移量越大。科学家测出红移量，再通过哈勃定律就可以算出星系与我们之间的距离。（哈勃定律公式：$Z = Hd/c$，式中 Z 为红移量，c 为光速，d 为距离，H 为哈勃常数。）

除了上述几种方式，还有别的测量办法，但基本上都是在视差的基础上演变来的。

27. 潮汐力

潮汐力是非常常见的，海水的潮汐就是由它引起的。它是因为月球对地球有引力作用，而地球上各个位置与月球的距离不同，受到的引力大小也不同，从而产生引力差，这种引力差就是潮汐力，它会让海水翻滚，产生类似撕扯的效果，从而导致潮汐现象。

比如，如图 11 所示，地球上靠近月球的这一面，会受到更大的引力，海水就会在引力的作用下，像被扯住头发似的拉起来，此时海平面上升，出现涨潮；而离月球较远的那一面，因为受到的月球引力较小，反而会在地月这个双星系统中，受到较大的离心力，海水也会产生远离地球中心的倾向，水位升高，同样出现涨潮现象；而介乎两者之间的海水，受到的引力和惯性力的合力是指向地球中心的，于是海水下降，出现退潮现象。一般来说，在一天内一个地点会经历一次离月球最近和一次离月球最远的位置，所以一天会出现两次涨潮现象。

潮汐力不仅仅存在于月球跟地球之间，任何一个星球对另外一个物体上的不同点产生的不均匀引力造成的引力差，都可以叫作潮汐力。假设我们想去黑洞里看一看，还没等我们进去，黑洞产生的潮汐力就会先把我们撕碎。

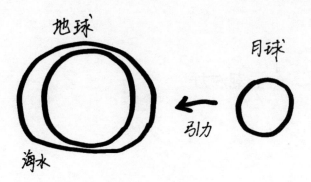

月球对地面海水的引力

图 11

28. 洛希极限

洛希极限是一个富有文学气质的概念，经常出现在歌曲、小说、电影中，那它到底是什么意思呢？

洛希极限是一个距离分界线，是指当一大一小两个星体在引力的作用下相互靠近时，小星体受到来自大星体的巨大引力，这个引力的分布极不均匀，会让小星球受到很强的撕扯，也就是潮汐力。

如果这两个星体靠得太近，近到超过一个极限距离，不均衡的引力就会超过小星体自身聚拢的力量，将小星体撕碎，碎片会逐渐变成一个圆环围聚在大星体周围（如图 12 所示），这个极限距离就是洛希极限。据推测，土星环就是这么形成的。

当然，也不是所有天体在洛希极限内都会被撕裂，它们还会受到各自的内部构造、成分、密度等因素的影响。

星球环

图 12

29. 拉格朗日点

拉格朗日点是存在于两个大天体之间的引力平衡点，像地球和月球之间、地球和太阳之间、木星和太阳之间都存在拉格朗日点，处在这个点上的物体，会在两个大天体的引力合力下保持平衡，与两个大天体维持相对静止的状态，不至于乱跑。

假设有一个人造航天器，处在太阳和地球这个系统里，那么它既会受到太阳引力的作用，也会受到地球引力的作用，它会在这两个不均衡的引力牵引下运动，运动轨道不会太稳定。

数学家欧拉和拉格朗日推算出，在两个大天体之间存在 5 个拉格朗日点，分别为 L_1、L_2、L_3、L_4、L_5，如图 13 所示。如果把航天器发射到这 5 个点上，它受到来自太阳和地球的引力合力恰好会让它的运动状态跟地球和太阳保持相对静止，即便关掉航天器的发动机不再施加额外动能，也可以维持这样的平衡。这就是著名的詹姆斯韦伯望远镜要发送到 L_2 拉格朗日点的原因，它在这个点上可以保持相对地球大致静止的状态，不仅能稳定地屏蔽掉太阳热辐射，还可以节省大量燃料。

不过，L_1、L_2、L_3 的稳定度不及 L_4 和 L_5。在 L_1、L_2、L_3 位置

上，如果稍有偏移，航天器就会滑走，需要靠自己的动力调整位置，而L_4和L_5非常稳定，这两个点跟太阳和地球各自形成等边三角形，在这里航天器甚至不需要燃料也能维持平衡，但缺点是这里离地球太远了。

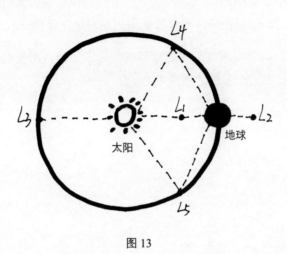

图 13

另外，拉格朗日点有效的前提是第三个物体的质量比两个天体小很多，不会影响两个天体的运动。如果它太大，就需要考虑它自身的引力对另外两个天体的作用了，这会变成一个非常复杂的三体问题。

关于太阳和地球系统的拉格朗日点，有以下几点需要注意。

L_1位于太阳和地球连线之间，距离地球约 150 万公里。这个点上的物体受到的太阳和地球的引力合力，恰好使它的运行轨道周期和地球保持一致。

L_2位于太阳和地球的连线上，在地球轨道的外侧，距离地球约 150 万公里，这个点上的物体受到的太阳和地球的引力合力，恰好使它的运行轨道周期和地球保持一致。

L_3 也位于太阳和地球的连线上，位于太阳的另一侧，距离太阳相比地球要略微近一点。这个点上的物体受到的太阳和地球的引力合力，恰好使物体的运行轨道周期与地球保持一致。

L_4、L_5 分别跟太阳和地球形成等边三角形，所受引力合力方向恰好指向这个系统的质量中心。

30. 温度的本质

温度是分子运动剧烈程度的一种标志。一个物体之所以发热，并非包含了什么热的物质，而是因为这个物体的分子运动速度很快，冷的东西之所以冷，则是因为物体的分子运动速度很慢，所以温度的本质就是分子的微观运动。

分子的这种运动是会传播的，比如，某个区域的分子在非常剧烈地运动，当它靠近附近缓慢运动的分子时，会将自身的动能传递给对方，使得原本运动缓慢的分子加快运动，低温物体被加热，而高温物体将自身的热量传递出去以后温度降低，这就是热传导。

31. 热力学第零定律

为什么在同样环境中，不同物体摸起来温度不一样呢，比如在大冬天，铁就比棉花摸上去要冷？

其实，只要两个物体在同样环境中都达到了热平衡状态，跟环境不再有热量交换，那么这两个物体及环境的温度肯定都是一样的，这就是热力学第零定律。

如果在同样的室外，棉花和周围的环境不再有热量的交换，达到了热平衡状态，铁和周围的环境也不再有热量交换，达到了热平衡状态，那么棉花和铁的温度肯定是一样的。至于为什么摸起来温度不一样，是因为不同物体的导热能力不同，铁的导热能力很强，手接触的时候，铁会很快把手上的热量传走，而棉花的导热能力差一点，并不会很快把手上的热量传走，所以同样环境下的棉花和铁只是摸起来温度不一样，并不是实际温度不一样。

32. 热力学第二定律

热力学第二定律描述了热量的传播方向。德国物理学家克劳修斯对此的定义是：热量可以自发地从高温物体传递到低温物体，但不可能自发地从低温物体传递到高温物体。

热量是单向传播的，一杯热水和一杯冷水混合时，热水总是会把自身的热量传递给冷水，使得两者的温度趋于一致，最终达到热平衡状态。如果反过来，热量要是能从低温物体传递到高温物体，那么冷水就会把热量传递给热水，使得冷水变得更冷，而热水变得更热，很显然现实生活中不存在这种情况。当然，上述定义中还有一个关键词是"自发"，也就是不借助任何外部做功，冰箱制冷这种情况就是借助了外部能量，因而不能算自发现象。

热力学第二定律还叫作熵增定律。熵是指一个系统的内在混乱程度，那么为什么在热量传递的过程中会伴随着混乱程度的增加呢？

因为在物体热传导的过程当中，总是伴随着剧烈的分子运动，从而影响分子的分布，让它们从原本集中有序的排列方式趋于无序分散的混乱状态，就像你把一副扑克牌扔到地上，这些被扔到地上的牌大概率是混乱分布的，而不是按牌的大小顺序分布的，这在统计学上可以计算出来。假设把一副牌按照大小顺序分布定义为一种秩序，把一副牌不按大小顺序分布定义为混乱，那么秩序就只有区区一种情况才满足，而符合混乱的情况就要多很多，出现混乱的概率也要大很多，所以趋于混乱是一种概率趋势，分子运动也遵循这种趋势，于是就有了熵的概念。

另外，热量总是单向传播，一些热量被传递后无法像弹簧那样回弹，这意味着有些热量无法再被回收利用，变成了没有用的热量，这些没有用的热量也可以理解为熵，正如木炭在燃烧后变成了灰烬，释放的能量无法再被回收利用，这就是熵增的过程。由于热力学第二定律是不可逆的，所以在任何一个孤立的系统中，熵值都只会增加或者保持不变，而永远不会减少，这就是熵增定律。

熵增定律的重要前提是"孤立系统"，也就是不跟外界发生任何物质和能量交换的系统，现实生活中绝对的孤立系统并不存在，就连整个地球都不是孤立系统，它一直在从太阳那里源源不断地摄取低熵。不过，生活中存在很多近似的孤立系统，有大量熵增现象，比如，一辆车就算不动它，它也会逐渐生锈坏掉；生命从有序走向无序，最终衰老凋亡；食物从新鲜变为腐败，腐败后再也无法回到新鲜的状态，等等，万事万物的演化都遵循着熵增定律。

33. 麦克斯韦妖

麦克斯韦妖是物理学家麦克斯韦为了挑战热力学第二定律设想出来的思想实验。

按照热力学第二定律，热量只能自发地从高温物体转移到低温物体，不能反过来。随着时间的推移，一个孤立系统最终会达到热平衡状态，熵值也会达到最大值。

现在有一个小盒子，它已经达到了热平衡状态，此时出现一个小妖精，在盒子中间放置一个隔板并安装一扇小门，如图 14 所示。这个小妖精非常聪明，它能识别每一个水分子的运动状态，当盒子左侧快速运动的"热"分子来到门边时，它会把门打开，等这个分子自发地移动到右侧后再关门，当盒子右侧低速运动的"冷"分子来到门边时，它会打开门，等着这个分子自发地移动到左侧后再关门，一段时间后，盒子的右侧全是快速运动的分子，左侧全是低速运动的分子，右侧的温度高于左侧，打破了盒子原有的热平衡状态，熵值自发降低，这似乎违背了热力学第二定律。

这个思想实验的前提是小妖精很小门很轻，做功忽略不计，那么麦克斯韦妖的漏洞出在哪里呢？这里要提到信息熵的概念，当小妖精在处理信息时会产生额外的能量消耗，也就是小妖精在识别水分子运动状态并开门时，就是一种信息处理，依然会产生熵增，甚至超过了冷热分子被隔离开时产生的熵减，所以整个系统的熵是增加的，热力学第二定律并未被打破。

冷热分子混合的热平衡状态   盒子左侧全是冷分子，右侧全是热分子，打破热平衡状态，熵值降低

▲：冷分子

○：热分子

图 14

34. 热寂

　　宇宙可以视为一个巨大的封闭系统，在足够长的时间以后，世界将按照热力学第二定律的指引，熵达到最大值，所有可用能量被消耗殆尽，达到热平衡状态，万事万物不再有能量交换，生命无法存活，这就是热寂，是构想的宇宙终极形态。

　　热寂是一个基于熵增定律的假说，只可能在科幻小说中看到，暂时无法证实。

35. 布朗运动

什么是布朗运动呢？它是指那些悬浮在液体或气体里的固体小颗粒的不规则运动，比如撒一些花粉到水中，这些花粉会一直不停地做不规则运动，就算没有任何外力的作用，这些花粉也不会安安静静地待在原地不动，仍然会没完没了地运动。

布朗运动的产生并不是因为这些泡在水里的固体颗粒自己想运动，而是因为水分子在做不规则运动，这些水分子运动时会撞击固体小颗粒，使得固体小颗粒跟着运动。

布朗运动有一个前提是，固体颗粒要足够小，在显微镜下才能看到，如果质量太大，水分子撞击不动，布朗运动也就不存在了。另外，布朗运动是在排除外界影响后依然存在的运动，比如在沸水里放花粉，花粉的运动更多来自于沸水的对流，这就不是布朗运动，要等水冷却平静后，还能观察到的颗粒运动，才是布朗运动[1]。

---

① 布朗运动并不是指液体或气体分子的不规则运动，而是指受到液体分子或气体分子不规则运动影响的固体颗粒运动。

36. 电磁波

电磁波在日常生活中无处不在，太阳光、红外线、无线电波、X 射线等都是电磁波，就连我们每个人都会不停地向外释放电磁波，那么它到底是什么呢？

电和磁的关系非常紧密，它们总是结伴出现。宇宙中存在一些带电粒子（比如电子），它们的周围有电场，电场在运动的时候会产生磁场，磁场在运动时又会产生电场，两者互相交替转化就形成了电磁场，电磁场会以波动的形式向外传播，这就是电磁波。

电磁波的传播速度与光速是一模一样的，这并不是巧合，因为电磁波就是光，光就是电磁波，两者是同一个东西，只不过展现形态不同。

也就是说，我们肉眼看到的光，和手机接收到的无线电波是同一个东西，区别仅仅是频率和波长有所不同。电磁波的频率越高波长越短，频率越低波长越长，可见光的频率刚好能被人眼识别，其他电磁波的波段超出了肉眼识别范围，看不见摸不着，但却真实存在着。

当然，电磁波本质上是能量的传播载体，不同频率的电磁波能量大小不同，产生的机制也不同。交变电流可以产生无线电波，电子跃迁可以产生可见光，核聚变反应可以产生伽马射线……

37. 电磁波谱

到底什么是伽马射线、X 射线、无线电波、红外线呢？其实这些和可见光一样，通通都是电磁波，电磁波在我们的生活中无处不在。

电磁波可以分为 7 大类，如图 15 所示，这些电磁波之间的区别，其实就是波长和频率不一样，波长越长的频率越小，辐射能量越弱；波长越短的频率越高，辐射能量越强。电磁波按照波长由短到长依次是：伽马射线、X 射线、紫外线、可见光、红外线、微波、无线电波。

简易的电磁波谱图

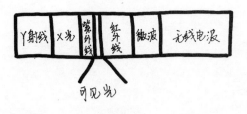

图 15

伽马射线是频率最高、波长最短、辐射能量最强的电磁波，绿巨人就是遭受了伽马射线辐射变异成绿色怪物的，但在现实生活中，如果遭受大剂量的伽马射线辐射则必死无疑。不过，伽马射线在生活中也是有应用的，比如，它可以用于放疗杀死癌细胞。

比伽马射线波长更长的是 X 射线，它可以用于安检及医学成像。波长最长的则是无线电波，我们平常用的手机通信就是用无线电波来发送信号的。

一般来说，波长短于可见光的电磁波都有害，而长于可见光的则不会破坏人体分子结构，相对来说安全一些。

38. 焰色反应

什么是焰色反应呢？它是指某些金属元素在火焰中灼烧时会产生特定颜色的现象。比如，钠元素在燃烧时会发出金黄色火焰，钙元素在燃烧时会发出砖红色火焰，钾元素在燃烧时会呈现紫色火焰，这就叫作焰色反应。

每种金属都有特定的光谱，因为这些元素在被灼烧时温度升高，金属原子内部的电子吸收能量从而跃迁到更高能级，但在更高能级上的电子状态并不稳定，又会很快地回到低能级，把之前吸收的能量重新释放出去，这部分能量的释放是以光的形式呈现的，不同金属释放的光的波长不同，呈现的颜色就存在差异。烟花之所以五彩斑斓就是这个原理。

39. 辐射

辐射听起来很可怕，但并非都是对人有害的。我们周遭的所有物体，只要高于绝对零度，都会不停地向外释放能量，这就是辐射。

辐射有两种形式，一种是电磁波，一种是粒子束。

电磁波就是光，像红外线、可见光、紫外线、X 射线、伽马射线等，都是电磁波，只不过波长不同。波长越短，辐射能量越强，对人体的危害也越大。粒子束是原子内的中子、质子或电子跑了出来向外扩散，如果人体触碰大量辐射粒子，器官会直接受损，非常危险。

按能量强度，辐射可以分为非电离辐射和电离辐射。

像微波炉、Wi-Fi、手机这些都是非电离辐射，它们释放的电磁波波长较长，能量较低，只会让物质的分子加速运动，温度上升，不至于有什么特殊的危害。当然，也要考虑到辐射功率，就算微波炉理论上是安全的，但如果把手放进微波炉里，还是会被烤焦的。

电离辐射包括短波长的电磁波和所有的粒子束。它们能量强大，可以让原子发生电离，把电子从原子中剥离出来。而我们人体细胞是由原子组成的，如果把正常的原子拆解了，可能造成基因变异，因此危险系数较大。

40. 核裂变

　　核裂变是指一个质量大的原子核分裂成两个或几个质量更小的原子核的过程。一个好端端的大原子，怎么才能分裂呢？

　　原子核是由数量不等的中子和质子组成的，在核裂变反应中，会先让一个中子去撞击原子核，原子核遭到外力撞击后分裂成两半，同时释放出两三个中子，释放出来的中子继续去撞击其他原子核，被撞的原子核又继续分裂，同时再各自甩出两三个中子，这些中子再继续去撞击别的原子核，引发一系列连锁反应，这就叫作核裂变链式反应，如图16所示。

　　能参与核裂变链式反应的都是像铀或钚这样的重原子核，它们个头大不稳定，更容易裂变。在核裂变反应的过程中，会损失质量，根据爱因斯坦的质能方程，亏损的质量会伴随着能量的释放，核裂变释放的能量是非常巨大的。

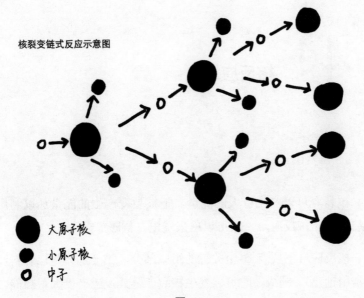

核裂变链式反应示意图

● 大原子核

● 小原子核

◦ 中子

图 16

41. 核反应堆

核裂变可以产生巨大的能量，把核裂变产生的能量加以利用的装置就是核反应堆，它可以用来发电、供暖等。

核反应堆主要有 5 个关键的组成部分。第一部分是核燃料，通常用铀 235 制成，它可以发生核裂变链式反应产生大量热能。第二部分是冷却剂，通常是循环水，它可以保护容器不被烧坏，同时把热量带走，这部分热量可用于发电。第三部分是中子减速剂，中子飞行速度如果太快则很难被原子核捕获，所以要用减速剂让中子的飞行速度慢下来，这样原子核才更容易捕获中子，确保核裂变链式反应的发生。第四部分是控制棒，它可以大量吸收中子，中断反应，让核裂变可被人为操控。第五部分是安全设施，核裂变有很强的放射性，所以要有防止辐射泄漏的保护系统。

以上就是核反应堆的简单原理了。

42. 原子弹

原子弹是利用核裂变反应产生的巨大能量制成的杀伤性武器,原理与核反应堆非常相近,关键区别在于原子弹的能量是一次性猛烈释放,而核反应堆的能量经过了人为控制,逐步释放。

原子弹的主体燃料一般是铀 235 和钚 239 这种重原子核。当它们达到一定的临界质量时,就会发生核裂变链式反应;如果质量不够,则链式反应没办法持续维系。所以原子弹在设计的时候,把燃料分为很多块,每一块都在临界质量以下,引爆时再把这几块燃料迅速拼在一起,从而达到临界质量,为链式反应提供条件。

美国在日本广岛投掷的原子弹"小男孩",携带了 64 千克铀燃料,只有不到 1 千克的铀参与了链式反应,释放能量相当于 1.5 万吨 TNT 炸药。原子弹的危害很大,包括超强的冲击波,足以把坚硬的建筑物摧毁;超高的温度,爆炸中心高达 6000℃,什么都能烧焦;超强的放射污染,爆炸释放大量的 α 射线、β 射线、γ 射线和中子,即便有些人没有当场被炸死,也会饱受放射污染的折磨。

原子弹在技术上的难点，主要在于铀 235 和钚 239 很难获取。比如铀 235 在天然铀中的含量只有 0.7%，其余都是铀 238，铀 235 和铀 238 特别像，一般的技术很难把它俩区分开，提纯很难。

43. 对撞机

对撞机是研究微观粒子的超大型科学仪器。

世间所有的物质都是由很小很小的粒子组成的，为了了解这些粒子，就需要对它们进行"解剖"，具体怎么做呢？如果使用普通的工具，比如用刀切土豆，最多只能把土豆剁成土豆泥，但没办法切到分子这种非常微小的尺度，而对撞机就有这个能力，它可以让两束粒子在超高的速度下对撞，把粒子撞成更小的碎片，释放出更微小的零件，同时这些碎片也可能会随机组装，产生新的粒子，这就像让两辆高速奔驰的汽车相撞，汽车会散架，零件会被撞飞出来。

在对撞机的帮助下，科学家发现了很多新的东西，比如质子、希格斯粒子等，都是撞出来的，所以它是一个很好的研究工具，缺点主要是太费电太昂贵。

44. 可控核聚变

什么是核聚变呢？它是指两个质量较小的原子核，在超高的温度和压力下，合并成一个质量较大的原子核。比如，一个氘原子和一个氚原子，在高温高压下合并成一个氦原子，同时释放出一个中子，这个过程会伴随有能量的释放。

核聚变相比核裂变有很多优点：释放的能量大很多；原料在海水中就能提取，取之不尽；污染相对小一些，核聚变废料的半衰期短，放射性弱。核聚变是未来能源发展的一个重要方向。

现阶段核聚变最大的问题是无法被人类操控，因为核聚变的反应条件是上千万或上亿度的高温，我们可以做到这样的高温，但还没有找到能承受这么高温度的容器来充当反应场所。科学家想过用激光或电流产生的磁场做一个虚拟容器来约束核聚变反应，比如托卡马克装置，但这些激光和电流本身就要耗费大量能量，成本很高，使得核聚变现阶段仍无法商用。

值得一提的是，核裂变和核聚变都遵循质能方程，反应后亏损的质量以能量的形式释放出来，亏损的质量越大，对应释放的能量就越大。轻核聚变的威力之所以比重核裂变更大，就是因为它的反应过程会带走更多质量。

45. 氢弹

当前世界上最厉害的杀伤性武器，不是原子弹，而是氢弹。原子弹的原理是核裂变，而氢弹的原理是核聚变，所以氢弹的威力要大很多。世界上最大的氢弹是苏联造的"沙皇炸弹"，大约是5000万吨 TNT 当量。中国的第一颗氢弹是由于敏带领团队研制出的，于 1967 年 6 月 17 日试验成功。

造氢弹之前必须要先造出原子弹，核聚变的反应前提是要有超高的温度，这个温度需要引爆原子弹来提供，所以普通的氢弹就是在原子弹的基础上包裹一层核聚变材料，先引爆原子弹，产生高温后再诱发核聚变反应，这就是普通的二相弹。

比二相弹威力更大的是三相弹，它是在普通二相弹外再包裹一层核裂变材料，反应路径是先引爆第一层级的核裂变反应，再推进第二层级的核聚变反应，核聚变产生很多中子，这些中子继续诱发第三层级的核裂变，发生三个阶段的反应，"沙皇炸弹"就是这个原理。

核聚变材料一般是氘、氚等，核裂变材料则一般是铀 235、铀238、钚 239 等。

46. 中子弹

目前为止，核武器分为三代，第一代是原子弹，第二代是氢弹，中子弹属于第三代，它的爆炸原理跟氢弹类似，相当于一颗小型氢弹。

传统的原子弹和氢弹，杀伤力非常强，可以瞬间把一个城市夷为平地，对环境的破坏很大，而中子弹则不同，它的破坏范围比较小，对建筑物的损害程度小，但是会释放大量中子，这些放射性中子看不见摸不着，具有很强的穿透力，可以攻击敌人的身体，破坏其体内细胞，致其死亡。

中子弹和氢弹的结构类似，都是先引爆原子弹，再通过原子弹引发氘和氚的核聚变反应。不同的地方除了中子弹的个头更小，还在于它们的最外层材料不一样，氢弹的外壳是铀238，是用来加剧反应增强破坏力的，而中子弹的外壳不是铀238，而是铍，铍在发生反应的时候会释放大量中子，中子正是这个武器的关键，所以叫作中子弹。

47. 钴弹

理论上，钴弹才是世界上最具杀伤性的武器，威胁超过氢弹。

钴弹是在普通的氢弹外面包裹一层钴 59，在引爆的时候它会跟氢弹一样先发生核聚变反应，同时产生大量中子，这些中子被钴 59 吸收变成钴 60，钴 60 是放射性极强的物质，会释放伽马射线，半衰期超过 5 年，穿透力强，一旦被人体吸收就会引发癌症或皮肤溃烂。

如果把一颗钴弹发射到平流层引爆，它释放的放射性粒子会随着大气气流跑遍整个地球，然后像撒盐一样落到地面上，几乎每个人都会遭殃。

现阶段钴弹只存在于理论中，尚未被造出，但不是因为人类没有这个技术，而是它危害性太大，伤敌一千自损八百，跟自杀差不多，所以没有国家造。

48. 放射性衰变

什么是衰变呢？自然界中的原子核可以分为两类，一类是性质稳定的，另一类是性质不稳定的，不稳定的原子核会自发地向外释放射线变成新的原子核，试图达到稳定的状态，这个过程就是衰变，这些性质不稳定的原子核，就是放射性物质的核心，其衰变过程伴有辐射。

衰变主要有 3 种类型：α 衰变、β 衰变和 γ 衰变。α 衰变是指一个原子核释放 α 粒子的过程，α 粒子是由两个中子和两个质子组成的，这个过程中伴有 α 射线的释放。α 衰变通常产生于核内质子数较多的原子中。

β 衰变跟电子有关，在这个过程中原子核或者释放电子让中子转化成质子，或者释放正电子让质子转化成中子，或者捕获核外电子让质子转化成中子，形成一个新的原子核。β 衰变伴随着 β 射线的释放，β 射线就是由电子构成的。

γ 衰变会释放一种叫伽马射线的电磁波，它的能量很强，对人体的危害很大。通常 γ 衰变都伴随着 α 衰变或 β 衰变。

举个例子，钴 60 是一种放射性很强的物质，它的性质不稳定，会不停地释放电子，也就是发生 β 衰变，变成镍 60，同时伴随 γ 辐射，最终达到稳定的状态，这就是钴 60 的衰变过程。

　　另外，原子核是由中子和质子构成的，质子数和中子数较多的原子核更容易发生衰变。

49. 火箭

　　火箭究竟是用来做什么的呢？我们一般说的火箭是指运载火箭，是一种把人造卫星、载人飞船等航天器送到太空的运输工具。它之所以能飞上天，是基于牛顿第三定律，火箭的发动机会喷射出大量高压燃气，从而产生很强的反作用力，这些反作用力让火箭升空。就好像一个原本充满气的气球，把它的出气口松开后，释放空气时产生的反作用力会让气球乱飞。

　　为了增强运载能力，火箭一般是分级工作的，每一级都有独立的发动机和燃料，每一级在燃料消耗完后就会自动脱落，由下一级接着工作，它一边飞一边扔残骸，这样做的目的是减轻自身质量，从而减少燃料消耗，最终由末级火箭把航天器送到既定轨道。

　　火箭残骸有的掉回地球，有的被烧毁，有的成为太空垃圾。

50. 弹道导弹

　　弹道导弹跟火箭差不多，也要靠火箭发动机推动升空，飞到一定高度后会关掉发动机，在发动机完成任务后将其扔掉，剩下的弹头部分按照关机时给定的速度和角度，在没有助推的情况下进行惯性飞行，最后从高空落入目标区域引爆。不过，有些导弹在弹头部分也会设置制导系统，目的是更好地设置飞行路线、防止拦截，以及更精准地打击目标。

　　按照射程，弹道导弹可以分为近程导弹、中程导弹、洲际导弹。洲际导弹属于需要长距离飞行的，为了扩大打击面，还可以装多个弹头。这些弹头也有多种不同的类型，可以是核弹头，也可以放高能炸药、化学毒剂等。

51. 卫星

卫星是指所有围绕着行星转的天体，比如，月球就是地球的卫星，而人造卫星则是指人造出来的环绕着行星运行的无人航天器。

人造卫星的用途很多，用于做科学研究的是科学卫星，像哈勃望远镜就是用来观察宇宙空间的科学卫星；做通信用的是通信卫星，像电视广播等就需要用到通信卫星；给地球拍照的是遥感卫星，当然还有其他的一些卫星。

现在用途最广泛的是通信卫星，下面就以通信卫星举例，简单讲一下电视节目是怎么通过通信卫星传输的。

电视通信传输包含 3 个部分，分别是上行链路、通信卫星和下行链路，上行链路就是指上行发送站将电视台的电视信号通过上行信道发射到太空中的通信卫星，通信卫星收到上行信号后，把它转换为下行的频道信号，然后发送到地球上的下行接收站，一般就是大型的集体站或者个人简易接收站（比如手机），它们只需要简单接收就可以，这样就实现了两个地面站的信号传输，如图 17 所示。通信卫星就相当于一个信息的中转站，如果没有这个高空中转站，信号只是在地面直接传输，它会受到地面各种障碍物的干扰，很难顺利传递，而通信卫星的位置很高，可以规避这个问题。

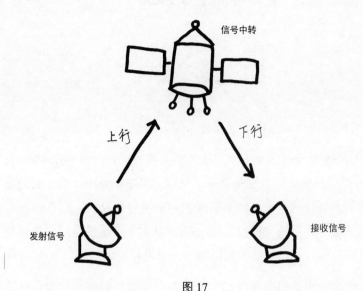

图 17

同样因为通信卫星的位置非常高，一颗通信卫星就可以覆盖差不多四分之一地球表面，一般三颗通信卫星就可以覆盖除两极外的地球了，电视信号可以通过这三颗通信卫星传遍全球。

这就是简单的通信卫星的功能。

52. 全球导航卫星系统

GNSS 是什么？GPS 又是什么呢？

GNSS 是全球导航卫星系统的英文缩写，是一个大的品类，其中有 4 大供应商，分别是美国的全球卫星定位系统、俄罗斯的格洛纳斯卫星导航系统、欧盟的伽利略卫星导航系统，还有中国的北斗卫星导航系统。我们常说的 GPS 其实是美国的全球卫星定位系统的简称，可以理解为美国的一个卫星导航的品牌。

那么卫星是怎么帮我们定位的呢？如果我们想要知道自己的位置，就需要确定这个位置的经度、纬度、海拔和时间，只有确定了这 4 个参数，我们才能知道自己在哪一个时间处在哪一个位置，而完成这项工作需要调动至少 4 颗卫星，其中 3 颗用来确定位置坐标，另外一颗用来确定时间。

拿 GPS 来举例，GPS 系统一共有 24 颗卫星，覆盖了全球每个角落，几乎保证了地球上的每一个点都能至少接收到 4 颗卫星的信号。这些卫星日常都在不停地广播自己的时间和位置信息，当我们的手机搜索到一个卫星信号时，就能根据信号传输速度（也就是光速）和信号传输时间计算出与这颗卫星之间的距离，但是地球上离这颗卫星距离和我们一样的点还有很多，就像用圆规画一个圆，这个圆上的所有点与顶点的距离都是一样的（如图18中左图所示），所以单颗卫星不足以确定我们的位置，需要同时接收3颗卫星的信号，这3颗卫星会分别找出跟我们距离相同的所有点，然后，它们的相交点就是我们的空间坐标（如图18中右图所示）。

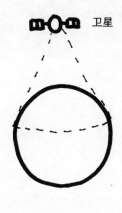

单颗卫星覆盖的范围

3颗卫星覆盖范围的相交点

图18

　　理论上这3颗卫星已经能确定我们的位置了，但是还需要考虑到时间上的误差。卫星上是有原子钟的，原子钟是世界上最准确的时钟，而我们手机上的时间没那么精准，跟卫星时间有偏差，考虑到卫星传输的信号是以光速在传播，一点点时间上的偏差，就会导致计算出来的距离差很多，所以还需要第4颗卫星，用来帮助我们校对手机上的时间，矫正时间偏移，时间精准了，定位才能精准。

除此之外，还要考虑到相对论的作用。根据狭义相对论，卫星的运动速度太快会让时间变慢，所以即便是原子钟也会因为卫星的高速运动而变慢，而根据广义相对论，卫星的海拔非常高，受到大约四分之一地球重力的引力，时钟又会因为引力太弱的原因加快，综合算下来，原子钟每天会比地球上的时钟快大约 38 微秒，所以需要把这个时间差考虑进去，进行时间上的校对。

53. 宇宙飞船、航天飞机、空间站

宇宙飞船、航天飞机和空间站到底有什么区别呢？现阶段与载人航天相关的航天器其实就这三种，如图 19 所示。

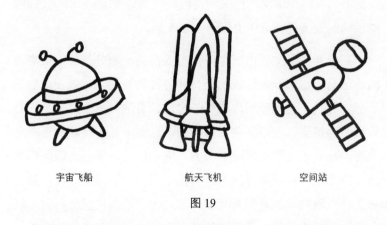

宇宙飞船　　　　　　航天飞机　　　　　　空间站

图 19

宇宙飞船是最简单的一种载人航天器，它的功能是把宇航员运输到太空，并保证他们安全返回地球。比起无人航天器，载人航天器最主要的区别是配备了生命维持系统，它有氧气，有废水处理，有温度控制，有逃生装置等，能保障宇航员的短期生活。宇宙飞船靠火箭运载升空，完成任务后返航，返航时在惯性和引力的作用下借助降落伞下落，是一次性使用的。第一艘载人飞船是苏联在 1961 年发射的"东方 1 号"，它搭载了一名飞行员，这名飞行员名叫加加林，他是第一个进入太空的人类，也是第一个从太空看到地球全景的人。在飞行时，他被控制在飞船舱内，飞行控制也是被锁定的，不需要什么操作，只有在紧急情况下才可以解锁系统，最后他顺利完成任务，"东方 1 号"围绕着地球绕了一圈，飞行时间 1 小时 48 分钟。

航天飞机比宇宙飞船要复杂一些，它的发射装置跟火箭类似，在太空中航行时则很像宇宙飞船，降落时又可以像飞机那样滑翔着陆。宇宙飞船一般都是一次性使用的，而航天飞机可以重复使用。目前只有两个国家造过航天飞机，一个是美国，一个是苏联，一般说的航天飞机都是指美国造的那 5 架。

一架航开飞机主要由三个部分组成：第一部分是长得很像飞机的轨道器，这部分是搭载航天员和各种物资的，可以在太空轨道运行，并且重返地球后像飞机一样滑翔着陆；第二部分是一对固体火箭助推器，它是安装在两侧的，这部分长得很像火箭，它提供推力让航天飞机摆脱地球引力，完成助推任务后会跟轨道器分离，依靠降落伞掉落到海上，打捞上来后可以翻新使用；第三部分是存放液氢和液氧的外储箱，它是为轨道器提供燃料的，这部分是一次性的，用完了就被扔掉，返回大气层时大部分会被烧毁，有一些残骸会掉到海上。相比而言，航天飞机的载荷比宇宙飞船要大很多，甚至可以运输卫星，哈勃望远镜就是用航天飞机送上天的，后来哈勃望远镜的镜片发生故障，也是用航天飞机把宇航员送到哈勃望远镜那里去维修的。它的缺点是造价高，安全风险大，至今已发生过两次重大事故。

空间站是建在太空中的驿站，它不像宇宙飞船和航天飞机那样有往返地球的能力，但长期停留在太空，可以供多名宇航员长期工作和生活。它提供了失重的环境，让宇航员可以在微重力的环境下开展各种科学技术研究，做一些航天技术实验、生物技术实验、物理科学研究等，比如在天宫二号上就进行了推进剂在轨加注技术的试验。

航天似乎离普通人很遥远，但其实它带来的新技术已渗透到很多领域，包括医学技术、相机传感器、钛合金、定位技术等，已经深深地影响了我们的日常生活。

54. 稀土

稀土并不是一种土，而是一些金属元素的总称，包括了元素周期表上的 15 个镧系元素，以及钪和钇。

现今被发现的含有这些元素的稀土矿物大概有两百多种。稀土的应用非常广泛，可以做发光材料、电池材料、工业催化剂等，像摄像机、玻璃陶瓷、智能手机、飞机、激光器、汽车等都离不开稀土。它在科技、工业、农业上都有不可替代的作用。

其实稀土在地球上的储备并不稀有，之所以叫"稀土"，是因为这些元素被发现于 18 世纪，当时的人们以为这些元素很稀有，所以取名稀土。

中国的稀土资源非常丰富，产量全世界最高[①]，占全球 61%。

---

① 数据来源：亚洲金属网于 2021 年的统计

55. 石墨烯

　　在了解石墨烯之前，要先知道什么是石墨。我们用的铅笔芯就是石墨做的，它跟钻石一样，都是由碳原子组成的，只不过钻石的原子排列结构很像金字塔，而石墨的原子排列结构是一层一层叠起来的，每一层都由碳原子构成的六边形排列组合而成，1毫米厚的石墨大概就有 300 万层，石墨烯指的就是单层的石墨，如图 20 所示。

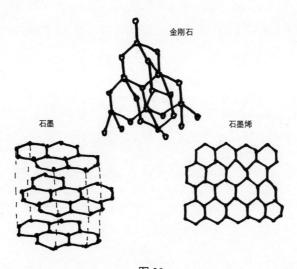

金刚石

石墨

石墨烯

图 20

石墨烯只有一层原子的厚度，非常薄，是科学家在世界上找到的第一种二维材料。最早分离出石墨烯的科学家，是把石墨片粘在胶带上，用撕胶带的方式让石墨片一分为二，得到较薄的石墨片以后，再把它粘在胶带上对折撕开，反复操作，最终得到薄薄的石墨烯。

石墨烯有很多优点，它是世界上已知的最结实的材料，很难戳坏；它拉伸性极强，可以拉伸到自身长度的 1.2 倍；它的导热性也很强。石墨烯的应用前景很广，可以用于电池、柔性屏、集成电路、复合材料等，不过现在还不成熟，技术门槛高，只有少量应用案例，还没能大面积商用。

56. 黑体辐射

一般来说，我们周遭的所有物体都会反射外界照射来的光，比如，当太阳光照射到人身上时，就会被反射回去，如果我们穿黑色衣服，衣服会多吸收一部分太阳光，反射会少一些。黑体比黑色衣服更极端，它是一种完全不反射光的物质，对任何外界照射来的光都全部吸收，它发出的所有光线，只取决于自身的热量，热量不同，所释放的电磁波辐射频率就不同，因而发出的光的颜色就不同。

黑体并非只辐射单一频率的电磁波，而是一个混合的光谱，温度越高，光谱中蓝色波段的含量越多，红色波段的含量越少，比如一个烙铁被烧得发蓝光就比它在发红光时温度要高，所以我们只要看一下黑体的发光颜色，就能判断它的温度，偏蓝光的黑体温度高，也就是色温高，偏红光的黑体温度低，也就是色温低。

黑体是科学家定义出来研究热辐射的理想物质，它发的光只跟温度有关，跟它是什么材质无关，像太阳、黑暗中的白炽灯，都算是近似的黑体，但在现实中绝对完美的黑体是不存在的。科学家们对黑体辐射的研究拉开了量子力学的序幕。

57. 物理学的两朵乌云

物理学两朵乌云的说法，来自于英国物理学家开尔文男爵于 1900 年的一次演讲，演讲主题是"在热和光动力理论上空的 19 世纪的乌云"，他认为物理学在当时已经取得了很大的成功，有牛顿经典力学、麦克斯韦电磁学、热力学、统计力学，物理学的大厦似乎已经落成，但它美丽晴朗的天空上却笼罩着两朵乌云。

第一朵乌云是迈克尔逊-莫雷实验，这个实验证明了光速不变。

当时的人们认为，任何相互作用都是通过介质传播的，声波通过空气传播，水波通过水传播，光波通过以太传播，以太是一种被假设出来的物质，它看不见摸不着，充满整个宇宙，扮演着光的传播介质的角色，是个绝对静止的参照系。如果以太真的存在同时又绝对静止，地球以每秒 30 千米的速度绕太阳运动，运动是相对的，那相对于地球来说必然会有每秒 30 千米迎面吹来的"以太风"，这个"以太风"会影响到光的传播。

迈克尔逊-莫雷实验发现，无论是在迎着"以太风"方向上的光速，还是逆着"以太风"方向上的光速，都是一样的，并不受"以太风"的影响，所以以太学说岌岌可危。而以太的存在，是经典物理学的基础，否定以太说就意味着经典物理学出现了裂痕。

第二朵乌云跟黑体辐射有关。科学家试图通过黑体辐射来研究能量密度与辐射波长之间的关系，并通过实验绘制出了两者之间的关系图谱。科学家想办法用公式来描述这个图谱，但根据经典物理学推算出来的公式并不能很好地描述实验结果。公式显示，随着黑体辐射频率的上升，黑体的能量密度会变得无限大，这跟实验结果差异很大，被称为紫外灾难，意味着经典物理学在黑体辐射理论中的失败。

这两朵乌云拉开了现代物理学的序幕。在第一朵乌云的基础上发展出了相对论，相对论建立在光速不变原理之上，否定了以太的存在。在第二朵乌云的基础上发展出了量子力学，普朗克在数学上做出了能很好描述黑体辐射现象的公式，为了解释这个公式，他提出了能量量子的概念，认为能量不是连续的，而是一份一份的，这就是量子力学的前身。

58. 量子力学

物理学有两套理论来描述我们的大自然：一套是爱因斯坦的相对论，它描述了时间空间的性质及什么是引力，是宏观世界的运行规则；另一套就是量子力学，它描述了微观世界的运行规则，研究原子结构、基本粒子的性质和运动等。量子这个词指的是物理量的最小单元，基本上是在原子或比原子更小的尺度。

需要注意的是，量子和粒子并不是同一个东西，粒子是一种物质，像原子、质子、电子等都是粒子，而量子是一个数学概念，指的是一份一份的离散的物理量，它区别于连续的物理量。比如台阶，就只有一个台阶、两个台阶、三个台阶，而没有 1/2 个台阶，台阶只有整数个，每一个台阶都不可再往下切分。再比如，电子的能量就是量子化的，它的能量变化不是连续的，只能取某些特定的数值，而没有中间过渡的取值。

量子世界的运行规则跟宏观世界不一样，会涉及一些特别颠覆我们日常认知的概念，比如波粒二象性、概率波、量子叠加态、不确定性原理、量子纠缠等，我们没办法用宏观世界的视角去理解微观世界，因为微观世界展现的是单个粒子或少量粒子的行为，而宏观世界展示的是大量粒子的群体行为，呈现出来的物理规则完全不一样。

59. 基本粒子

我们都知道，物质是由原子组成的，原子是由原子核和电子组成的，原子核是由质子和中子组成的，质子和中子还可以往下分为夸克，而夸克就是最小粒子。

基本粒子就是组成物质的最小单位，分为费米子和玻色子这两大类，费米子是组成物质的粒子，而玻色子是传递相互作用的粒子，它就像黏合剂把费米子黏合成物质。

费米子包括夸克和轻子：夸克可以组合成中子、质子，它们参与强相互作用；轻子包括电子、μ子、中微子等，它们参与弱相互作用。费米子遵循泡利不相容原理，也就是任何两个同样的费米子不能处在同一种状态，比如，一个电子就不允许另一个电子跟自己处在同一种状态。

玻色子包含光子、胶子、Z 玻色子、W 玻色子、希格斯玻色子。光子负责传递电磁相互作用，胶子负责传递强相互作用，Z玻色子和 W 玻色子负责传递弱相互作用，希格斯玻色子为其他粒子赋予质量。它们不遵循泡利不相容原理，多个玻色子可以处在同一个状态。

严格算起来，夸克有 36 种，轻子有 12 种，胶子有 8 种，W 玻色子有 2 种，光子有 1 种，Z 玻色子有 1 种，希格斯玻色子有 1 种，共计 61 种基本粒子。

我们的世界就是由这 61 种粒子构成的。

60.4 种基本作用力

自然界中有 4 种基本的相互作用力，分别是引力、电磁力、强核力、弱核力。

引力是最小的力，理论上有质量的物质都有引力，质量越大引力越强，比如地球与月球之间、太阳与地球之间，都存在引力。它常常用来描述大质量物体之间的相互作用力，多用于天文领域。

电磁力是带电粒子或带电物质相互施加的作用力，移动的电荷会产生磁场，磁场有着"同性相斥、异性相吸"的特性。比如，带正电的原子核和带负电的电子互相吸引结合成原子，靠的就是电磁力；分子与分子之间的相互作用，靠的也是带电粒子之间的电磁力。由于我们日常所见的物质都是由原子核、电子这些带电粒子构成的，所以电磁力就是物质的内在属性，无处不在。

强核力是宇宙最强力，它的作用是把夸克黏合成质子和中子，把质子和中子黏合成原子核。质子是带正电的，原本质子与质子之间因为电荷相同，会受到电磁力的作用相互排斥，但强力可以克服这种斥力，把粒子紧紧捆绑在一起形成原子核。强核力的作用距离很短，就集中在原子核内。

弱核力也发生在原子核内，它可以让一个粒子变成另一个粒子。最常见的弱核力是 β 衰变，比如中子是由两个下夸克和一个上夸克组成，质子是由一个下夸克和两个上夸克组成，弱核力可以让中子里的一个下夸克变成上夸克，同时释放出一个电子和一个中微子，从而让中子衰变成质子。

这 4 种力按照大小排序依次是强核力＞电磁力＞弱核力＞引力。

这 4 种力按照作用距离排序则是引力＞电磁力＞强核力＞弱核力。

61. 波粒二象性

波粒二象性是量子世界中最基本的性质，只有理解它才能理解为什么量子力学中有那么多诡异的现象。

我们通常理解的粒子是有体积的，它像微缩版的小球，符合牛顿运动定律，只要知道小球的初始位置和受力情况，就能推算出它下一时刻的运动轨迹。但是波就很不一样，它在空间中没有固定的点位，没有确定的体积，而是用频率和波长来描述，就像水波是弥散开的，没有一个具体的位置点，但是有波动频率。在日常生活中，粒子和波是相互排斥的两种属性，一个东西要么是粒子，要么是波，不可能既是粒子又是波，但量子力学颠覆了这一观点。

科学家做了很多实验，比如在研究光的时候，在某些实验中发现光具有波的属性，在另一些实验中却发现光又是粒子性的，如果我们再用单一的粒子或波去理解光根本不够，所以通过大量实验总结出来，光同时具有粒子性和波动性，也就是波粒二象性，只不过在不同的实验条件下，会表现出不同的特性，光在传播的时候就会更倾向于表现出波动性，在跟其他物质发生相互作用时又会倾向于表现出粒子性。

不仅是光子，所有微观粒子都具有波粒二象性。

有意思的是，法国科学家德布罗意提出"物质波"的概念，指出宏观物质也具有波粒二象性，只不过宏观物质尺度太大，波动性不明显。

62. 单缝衍射实验

　　在我们的印象中，光始终是沿着直线传播的，无论散射、反射还是折射改变了它的传播方向，但本质上光都是走直线的。然而在某些情况下，光可以打破常规走弯路，比如它在遇到某些障碍物的时候，不会被遮挡，而是会绕过障碍物，继续在障碍物的前方传播，这种现象叫光的衍射。

　　奇怪了，光不是一直沿直线传播吗？如果拿一个挡板放在光源的前面，它不应该被挡住了吗，怎么会绕过去呢？

　　这是因为日常生活中的障碍物太大了，光的衍射现象不明显，我们观测不到。如果障碍物或者缝隙的大小非常小，小到跟光的波长差不多大的时候，衍射现象就非常明显了。

　　科学家在实验室中发现，在光的前面放一个狭缝，这个狭缝的大小如果跟光的波长差不多或更小一点，这个时候就会看到光偏离直线传播，如图 21 所示，就跟水波穿过缝隙时发生的现象是一样的，这是所有波的特性，所以单缝衍射实验说明，光除了是粒子，还是一种波，证明了光具有波动性。

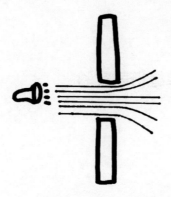

一束光穿过狭窄的细缝，出现衍射现象

图 21

63. 双缝干涉实验

双缝干涉实验是科学史上非常重要的实验，它证明了微观粒子具有波动性。这个实验是怎么回事呢？

在一束光的前面放一个挡板，这个挡板中间开两条细缝，科学家想观察光线穿过细缝后的状态，于是在挡板后面放了一个接收屏，如果光子是像小圆球那样的粒子，那么它穿过两条细缝后，会在接收屏幕上形成两个亮条纹。但实验结果并不是这样，光穿过细缝后，在屏幕上留下的并不是两个亮条纹，而是很多条明暗相间的条纹，如图 22 所示。

这不是跟水波穿过细缝时出现的情况一样吗？你可以想象，当光像水波一样穿过两条细缝时，左右两侧波的波峰与波峰相遇、波谷与波谷相遇，波就会放大，从而形成亮条纹，而波峰与波谷相遇就相互抵消，从而形成暗条纹，这样就得到了明暗相间的干涉条纹，这个实验说明光跟水波一样具有波动性。

科学家还接着做了变种实验，把光源换成了单光子，让光子一个一个地穿过双缝，最开始屏幕上出现的画面也是颗粒状的，星星点点，但发射了大量光子后发现怎么又出现明暗相间的干涉条纹了，难不成每一颗光子也同时穿过了两条缝？自己跟自己发生了干涉？这不就很奇怪了吗，一颗粒子怎么会同时穿过两条缝呢？

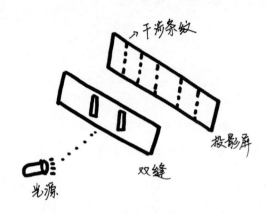

一束光穿过两条狭窄的细缝，在投影屏上呈现出明暗相间的干涉条纹

图 22

如果你把光想象成波，知道光子也具有波动性，就很好理解了，一个波同时穿过两条缝是很自然的事。

后来科学家还做了电子双缝实验、质子双缝实验、分子双缝实验，发现都会出现干涉条纹，所以就总结出微观粒子具有波动性。

另外要强调一下，很多人说这个单光子双缝干涉实验非常诡异，如果在挡板旁边放一个探测器，用它来检测粒子到底走了哪条缝，那么就会产生一个奇怪的现象：当摄像机打开的时候，屏幕上出现的就不是干涉条纹了，而是两块光斑，此刻光子显示出粒子性；把摄像机关掉后，屏幕上的干涉条纹又回来了，此刻光又展现出波动性。似乎光子很通灵性，它故意不想让人发现它的运动轨迹。

但实际上，这只是一个思想实验，科学家根本就没有做过这个摄像机实验。摄像机如果要拍到光子，至少需要这个光子进入摄像机才能被记录下来，就像人之所以能看到光线，也是因为光进入了我们的眼睛才能看到，而单光子和单电子太小了，它的路径是穿过狭缝的，又不是进入摄像机的，所以根本就拍不到。

这个思想实验的目的，是要说明我们的观测方式会影响到观测结果，有些人把它跟灵异事件或人类意识结合起来，那是唬人的。科学家倒是做过其他双缝实验，来获取电子的路径信息，但不是用摄像机，而是用量子擦除实验，最后发现，受到不确定性原理的制约，电子的路径信息和干涉条纹只能得到一个结论，不能同时确定。

双缝干涉实验是非常著名的物理实验，它验证了光的波动性。

64. 光电效应

爱因斯坦获得的唯一一次诺贝尔奖，就是因为解释了光电效应，那什么是光电效应呢？

光电效应是一个非常神奇的现象，如果用一束光照射一个金属板，这个金属板可能会产生电流，看起来似乎很神奇，其实道理很简单，这是因为光具有能量，当光照射到金属板上后，金属板上的电子吸收了光的能量，电子自身的能量变大，于是摆脱金属板的束缚逃逸了出去，从而形成电流，这就是光电效应。

这个效应有个很奇怪的地方，如果用频率很高的紫外线照射金属板，就可能会产生电流，如果用白炽灯这种频率较低的光照射金属板就无法产生电流，那是不是因为白炽灯开得不够亮，光强不够，能量不够，所以没办法产生电流呢？

可是科学家发现，无论白炽灯开得再亮，光强再高都不行，而频率高的紫外线就算光强很低，也可能产生光电效应，这说明光电效应的产生只跟光的频率有关，跟光的强度没有关系。爱因斯坦对此的解释是，这是因为光是粒子，可以把光子想象成一颗一颗的小球，金属板上的一个电子只能对应吸收一个光子的能量，频率高的光子每一个能量都比较高，所以它被电子吸收后，足以让电子脱离金属板的束缚逃逸出来，而低频率的光子每一个能量都比较低，被电子吸收后也不足以脱离金属板，就算你增加光子的数量（也就是增加光强）也不行。

只要光的频率超过某一个极限值，受到光照的金属表面就会逸出电子，每种材料的光频率极限值是不同的。光电效应的产生虽然跟光强没有关系，但在光电效应已经可以产生的条件下，光强越大，光子与金属板中的电子碰撞数量也越多，单位时间逸出的电子数量也会增多，因而电流也会越大。

这就是爱因斯坦对光电效应的解释，在这之前，人们认为光只是电磁波，这之后，人们认识到，光不仅是波，也是粒子，这对量子力学有非常重要的意义。

65. 光子

光子是一种古老的基本粒子，在宇宙大爆炸初期就产生了，它随处可见，我们看到的光就是由大量光子组成的，它没有静止质量，不需要介质就可以传播，在真空中的速度约为 3×10^8 m/s。

光子的一个重要身份是传递电磁力的媒介，电磁力是四大基本作用力之一，它其实就是带电粒子通过交换光子来完成的。简单描述一下两个电子之间发生电磁力的过程：当一个电子发射一个光子出去，它的能量会降低，电子会从高能量状态跃迁到低能量状态，另一个电子吸收了这个光子，能量会升高，从低能量状态跃迁到高能量状态，此时它的状态不稳定，又会把刚刚吸收的光子重新释放出去，两个电子就这样把光子抛来抛去。

光子和其他所有微观粒子一样，都具备波粒二象性，光子是其粒子性的一面，而电磁波是其波动性的一面，光子和电磁波本质上是一样的。

66. 电子云

我们在初中时都学过一个物理知识，物质是由原子构成的，原子是由原子核和电子构成的，电子就好像一颗颗小圆球围绕着原子核旋转，美剧《生活大爆炸》的片头就用过这样的画面，但实际情况并不完全是这样的。

科学家在观测电子时，并没有亲眼看到过电子的样子，电子到底是圆的还是方的没人知道，科学家只是观测到了一些实验现象，通过这些实验现象构想出了应该存在电子这种粒子。电子最早是由物理学家汤普森发现的，他当时是在研究阴极射线，也就是在真空的玻璃管里装上两个电极，一个阳极和一个阴极，真空管里出现的放电现象就是阴极射线，汤普森观察到阴极射线会在强磁场中发生偏转，由此推测出射线里存在一种带电粒子，最终把这些带电粒子命名为电子，其实阴极射线就是电子流。

电子的运动没有确切的轨迹，它一会出现在这儿，一会出现在那儿，不是连续运动，于是科学家把电子可能出现的位置标记成一个个小点，小点越密集的地方，说明它在这里出现的概率越大，小点越稀说明它在这里出现的概率越小，画出来像团云雾一样，所以叫作电子云。在描述电子运动时，我们没办法知道电子下一刻出现的确切位置，但可以预测它在某个区域出现的概率是多少，电子云就是电子在各区域出现的概率分布图，如图 23 所示。

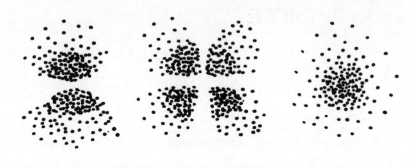

电子云

图 23

67. 不确定性原理

在日常生活中，我们要了解一个物体的运动状态，就需要知道这个物体的位置和速度，例如在观察一辆运动的汽车时，可以确切地知道这辆车的位置，也可以同时知道这辆车的速度。但是在微观世界里，速度和位置不可能同时被确定下来。

假设我们现在要测量一个电子的运动状态，就需要用光线去照射电子，然后用显微镜作为观测工具，来捕捉被电子散射的光线，以此来确定电子的位置。要想更精准地确定电子的位置，那么显微镜发射的光子的波长必须要很短，这样显微镜的分辨率才更高，继而更精准地探测到电子的位置，但光子的波长如果太短，会带来一个问题，光子本身的动量会很大，它与电子碰撞，会影响电子的状态，改变电子的速度，使得电子的动量变得极难确定。

反过来，如果要测量电子的速度，就要尽量减少光子动量对它的干扰，所以要选择波长较长的光子来测量，但这样也有个副作用，会让位置变得很难确定。可以把光想象成一把尺子，波长相当于这把尺子上的刻度，波长越长在空间中的跨度越大，就越难精准地确定电子的位置，就像刻度为 1 毫米的尺子，肯定不如刻度为 1 纳米的尺子精准。

所以测量方式会影响测量结果，曾经不确定性原理被称为测不准原理就是这个原因，但测不准原理这种叫法是不准确的，微观粒子之所以测不准，并不是人类的测量技术有限，而是因为粒子根本不存在确定的速度和位置，不确定性就是世界的本质。不仅位置和速度不能同时测定，时间和能量等物理量也不能同时确定。

　　我有段时间总是想不通，为什么速度和位置不能同时测量，很难想象这幅画面，但有一天突然开窍了，意识到自己总是把粒子想象成一颗球，而忘了波粒二象性，粒子同时还是波，波本来就没有确定的位置，它没有固定的点位，而是一个范围，那么粒子的属性肯定就不能像单纯的球体一样同时拥有速度和位置。

68. 概率波

概率波是描述微观粒子运动的最基本的语言。

宏观物体的运动是遵循牛顿运动定律的，是确定性的，也就是说，如果知道一个物体的初始位置和初始状态，就可以确定地计算出它在下一刻的运动轨迹。假设你抛一枚硬币，只要知道抛出它的各种参数，比如空气阻力、抛出时的力道、角度等，你就可以确切地计算出硬币落下时是正面朝上还是背面朝上，只不过这个计算过程比较麻烦。

但在微观世界里，粒子的运动没有任何确定性的规律，你没有办法去预测它下一刻的运动状态，就算你知道粒子的初始位置和状态也算不出来，而且根据不确定性原理，你甚至连粒子的初始状态都无法知道。

在这种不确定性的情况下，你唯一可以预测的，是一个粒子在某个时刻出现在某个位置的概率，这个概率的大小会随着时间的变化而变化，概率分布会波动，所以也叫作概率波。

69. 薛定谔方程

物理学家薛定谔最大的贡献就是提出了薛定谔方程，这个方程是干什么的呢？

前面讲了概率波，在量子力学中，我们无法知道微观粒子在某一刻出现在哪个确切的位置，只能知道它在某一时刻出现在某一个位置的概率有多大，而且这个概率还不是恒定的，是随时间变化而变化的，这个概率的波动就是概率波，也叫作波函数，是可以通过薛定谔方程计算出来的。

薛定谔方程是量子力学中最基本的方程，它可以计算出一个量子系统的概率波及对应的能量，类似于牛顿方程在经典力学中的地位，只不过薛定谔方程适用于微观世界，而牛顿方程适用于宏观世界。

70. 薛定谔的猫

　　"薛定谔的猫"是物理学家薛定谔提出来的一个思想实验，用来反驳哥本哈根学派对量子力学的解释，哥本哈根学派以波尔、玻恩、海森伯等科学家为首，他们认为量子是处于叠加态的，也就是说，一个量子同时处在不同状态的叠加中。

　　理解"薛定谔的猫"之前，要先理解什么是量子叠加态。前面讲了电子云，在未测量电子的位置时，电子是不确定的，它有无数种可能，它处在原子核周围的所有位置，它既在 A 点，同时也在 B 点，只有当你测量它的时候，量子瞬间发生坍缩，你才会捕捉到它具体在某一点，而这个测量出来的量子位置也完完全全是随机的，呈概率分布。薛定谔非常难以接受这个观点，所以提出了"薛定谔的猫"思想实验。

　　这个实验是说，将一只猫关在装有少量镭和剧毒物的密闭盒子里，镭的衰变存在概率，如果镭发生衰变，会触发机关打碎装有剧毒物的瓶子，猫就会死；如果镭不发生衰变，开关不被打开，猫就存活，如图 24 所示。根据量子力学的理论，在没有打开盒子进行观察时，盒子里的放射性镭的衰变是不确定的，它处于衰变和没有衰变两种状态的叠加，那么猫就理应处于死猫和活猫的叠加态，注意，这里的叠加态不是说盒子里的猫可能是活的或者可能是死的这种单一状态，而是说这只猫既是死的又是活的，是这两种状态的叠加，可世间怎么可能存在这样的猫，那么这个思想实验是不是就说明量子力学站不住脚呢？

图 24

量子力学对此的解释是，你在没打开盒子的时候，猫处于生死叠加态，但是你只要打开盒子，去看一下这只猫，你在开盖的那一瞬间，世界发生了坍缩，你最终就只能看到一个确定性的结果。也就是说，我们人类看到的一切都仅仅是我们测量感知到的结果，如果你不测量它，那这个世界就是处在叠加态的，不具有现实意义。

"薛定谔的猫"本来是用来反击量子力学的，但现在它成了一个很好的可以用来描述量子力学的故事，量子力学的逻辑虽然诡异，但它很好地符合了实验结果。

71. 平行宇宙

平行宇宙并不是由科幻作家凭空幻想出来的，而是真正基于物理学的假说，代表人物是美国量子物理学家埃弗雷特，他的多重宇宙诠释正是建立在量子力学的基础上。量子力学认为量子同时处在几种状态的叠加，当我们试图观察它的时候，它会瞬间坍缩成确定的状态，以至于我们在宏观世界中看不到叠加态。但埃弗雷特提出了一个新的想法，他认为叠加态不仅仅存在于量子世界中，宏观世界也是叠加的，是多个世界的叠加。

就拿"薛定谔的猫"来说，"薛定谔的猫"把微观世界和宏观世界连接了起来，如果把一只猫跟一个毒气瓶放在一个盒子里，毒气瓶里的放射性原子是处于既衰变又不衰变的叠加态，那么会使得盒子里的猫既是死的又是活的，只是我们人在打开盒子观察的那一刹那，世界发生了坍缩，原本既死又活的叠加态的猫，变成了要不只能是死的，要不只能是活着的猫，从叠加态坍缩成了确定的状态。

平行宇宙理论就从这里冒出来了，它对此做出了解释，这套理论认为根本不存在什么坍缩，而是在观测的时候，并不是发生了一种情况，而是每种情况都发生了，只不过分裂出了多个宇宙，每个宇宙都有确定的状态，我们只是在其中一个宇宙中。在"薛定谔的猫"这个实验中，如果我们看到了活着的猫，在分裂出去的宇宙里看到的就是死的猫，世界分裂成了两个版本。

多宇宙解释规避了波函数坍缩这个量子力学中逻辑不通顺的点，但是大动干戈地构建出了另一个宇宙，倒是很离奇。

72. 自旋

量子自旋常常被笼统地解释为粒子自转，类似于地球的自转，作为初学者可以这么理解，但这种理解并不准确。那么自旋到底是什么，它是怎么被发现的呢？

早在一百年前，科学家做了一个实验，让一束银原子穿过一个磁场后打在屏幕上，银原子被外磁场改变了路径，在屏幕上留下了分叉的两束光斑，如图25所示。按理说银原子束应该是按直线传播的，它的传播路径之所以会发生偏转，是因为银原子里的电子围绕着原子核运动，电子是带电的，带电粒子的运动会形成磁场，银原子的磁场与外磁场发生相互作用，就像磁铁与磁铁发生相互作用一样，让它的传播路径发了偏转。路径偏转倒是很好理解，但银原子最外层电子数明明只有一个，按理说最终在屏幕上应该留下一条光斑，为什么偏偏最后打到屏幕上的却是对称的两束光斑呢？

如果仅靠电子绕原子核转动产生的磁矩，是不足以让银原子走出如此怪异的路径的，很可能还存在别的什么力在起作用，科学家对此的解释是，电子很可能还存在自旋，一半电子上旋，一半电子下旋，它们在受磁场影响后出现了分流，一半原子向上走，一半原子向下走，使得大量银原子在经过磁场后，被分成了上下两个阵营。

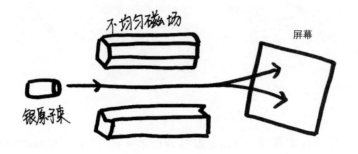

一束银原子穿过磁场后打在屏幕上，银原子被外磁场改变了传播路径，在屏幕上留下了分叉的两束光斑

图 25

自旋这个概念的出现，是因为科学家通过实验发现，电子的总角动量大于电子绕原子核运动时产生的轨道角动量，多出了一些额外的角动量，为了解释这些额外的角动量，科学家构建了自旋的概念，认为电子的自旋也为它提供了角动量。

实际上，我们不能准确地想象自旋是什么，自旋也并不像一颗小球自转那样，它是一个纯粹的数学概念，只能用数学来描述。我们经常看到电子的自旋是+1/2 和-1/2，这些符号有特定的含义，+和-指的是电子不同的自旋方向，1/2 是纯数学计算出来的，大致意思是电子需要自旋两周才能回到原来的状态，这在现实世界中找不到对应。如果你非要想象自旋，可以参考霍金在《时间简史》中的建议：自旋为 1，意味着粒子旋转一周时回到原来的位置；自旋为 2，意味着粒子旋转半圈回到原来的位置；自旋为 1/2，意味着粒子旋转两圈回到原来的位置。你可以伸出一只手旋转 360°，手确实可以回到最初的位置，但这样很不舒服，你需要再反转 360°才能让手真正回到原初的状态，这就是自旋 1/2。

自旋是量子的内在属性，跟质量、电荷这些属性一样，它为量子提供了内在角动量。如果两个粒子的自旋不同，那么它们就是不同的粒子。

73. 量子纠缠

　　笔者有很长一段时间完全不理解量子纠缠是什么意思，只知道存在两个粒子，这两个粒子无论相距多远，都能发生某种超远距离的作用，只要测量其中一个粒子的状态，就能马上知道另一个粒子的状态，即便一个粒子在地球，另一个粒子远在月球，它们之间的纠缠也是存在的。

　　但为什么它们能发生纠缠呢？ 量子纠缠的两个粒子并不传递某种信息，也不发生什么相互作用，而是一种关系。

　　比如有一个个头比较大的粒子，它的自旋是 0，这个大粒子因为某种原因分裂成了两个小粒子，这两个小粒子像孪生兄弟一样，虽然分裂出来了，但永远不能磨灭它们同根同源的出生，它们两个的自旋加起来永远都是 0，就算它们向相反的方向远离彼此，走得再远，只要去测量其中一个粒子的自旋，就能立马推测出另一个粒子的自旋，如果测量出一个粒子的自旋是 1/2，另一个粒子的自旋必定是-1/2。这种关系就像一对母女，即便相隔天涯海角，女儿生孩子了，母亲自动升级成了外婆的身份，这就是纠缠态。当然这只是一种便于理解的比喻，实际上在测量前，我们无法知道这两个粒子各自的自旋状态，它们是不确定的，只有在测量后，才知道具体哪个粒子是上旋，哪个是下旋。

　　如果一对粒子处于纠缠态，当其中一个粒子的纠缠态发生变化，另一个也会随即发生变化，这种感应速度相当惊人，甚至可以快过光速，但因为它不传递任何信息，所以并不违背无法超越光速的原则。

74. 量子隧穿

量子隧穿指的是微观粒子能够穿透障碍物的行为，且这个障碍物的势能比微观粒子的能量更大。这种情况就相当于一颗皮球在不借助任何外力的情况下，要穿过一堵又高又厚的墙，这在宏观世界中是不可能存在的，但在量子力学里一切皆有可能。

微观粒子为什么可以在能量不足的情况下，横穿坚硬的能量壁垒（如图 26 所示）呢？

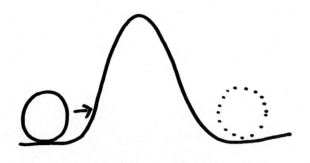

横穿"又高又厚"的壁垒

图 26

量子隧穿是通过薛定谔方程计算出来的数学结果，这种数学结果得到了实验验证。理论上微观粒子是不确定的，你没有办法肯定地说粒子 100% 不能出现在壁垒的另一侧，它可以出现在任何地方，只不过出现在不同位置的概率大小不同。根据计算，尽管粒子跨越障碍物的概率很低，但依然存在。

之所以会出现这种情况，归根结底是因为量子力学中的波粒二象性，粒子也具有波动性，既然是波，它就跟所有波一样具有振动频率，有种解释认为当它与空间中的能量产生了共振，共振会增加振动强度，相当于增加了能量，从而让量子隧穿有了可能。

量子隧穿在宇宙中起着很重要的作用，太阳之所以有源源不断的能量，是因为内部发生着核聚变反应，核聚变反应虽然离不开高温高压的前提条件，但实际上太阳的温度和压力并未大到足以克服原子核与原子核之间的巨大斥力（因为原子核都带正电，同性相斥），这种斥力就像一个巨大的障碍物横亘其中，必须有量子隧穿的帮忙，使得原子核突破壁垒合并在一起，才能顺利完成核聚变反应。

量子隧穿的现象可以用理论描述，但要刨根问底追问它发生的原因，只能问问苍天，为何会这样设计大自然。

75. 泡利不相容原理

这是物理学家泡利发现的原理，指的是两个完全相同的费米子不能处于相同的量子态，这是什么意思呢？

宇宙中存在两种基本粒子，一种是费米子（例如电子），一种是玻色子（例如光子）。两者的功能不一样，费米子组成物质，玻色子传递相互作用；费米子遵循泡利不相容原理，玻色子不遵循。

从字面意思来看，不相容就是两个费米子互相排斥，不能同处于一个状态下，一山不容二虎。比如电子就是一种费米子，电子与电子就是全同粒子，不同电子之间看不出任何区别，它们的质量、电荷、自旋等参数都是一样的，不像人与人之间，就算是双胞胎也能看出差别，世界上就找不到完全相同的人。

对于电子来说，它的运行轨道就是它的状态，一个轨道上最多只能容纳两个电子。咦，不是说两个电子不能处在同一个状态吗？这就要求处在同一个轨道的电子的自旋必须相反，如果一个电子上旋，另一个电子只能是下旋。

这里要解释一下全同粒子和它的状态，全同粒子指的是内禀性质一样，类似于两个克隆人，彼此身高、体重、外貌一模一样，身高、体重、外貌就是内禀属性，但这两个克隆人可以各干各的事，可以一个在成都一个在北京，这就是全同克隆人的状态不一样。

76. 上帝粒子

上帝粒子是一个叫希格斯的英国科学家主要提出的，所以也叫希格斯粒子，这个粒子非常重要，它为物质赋予了质量。

世间所有的物质，都是由很小很小的基本粒子组成的，这些粒子的质量是从哪里来的呢？

答案是来自于希格斯场。"场"在物理学中是个常见的提法，比如引力场和电磁场。希格斯场看不见摸不着，弥漫在宇宙各处，包裹在粒子周围，与运动的粒子发生相互作用。这种作用类似于一种阻力，它拖曳着粒子，让粒子更难加速或减速，这种阻力在宏观上体现出来的就是质量。这有点类似于你一个人走在空旷的广场上，步伐非常轻盈，感觉自己跑起来很轻，但当这个广场上人山人海时，你被周围的人推挤着，前进的阻力会变大，感觉步伐就会很沉"重"，这种"重"体现出来的就是质量。值得注意的是，并非所有粒子都会跟希格斯场发生相互作用，光子的静止质量之所以为 0，就是因为它不受希格斯场的影响。

希格斯粒子是希格斯场被激发时产生的粒子，如果把希格斯场比喻成湖面，希格斯粒子就像湖面上偶尔泛起的波浪，通过观察波浪就能推测湖水的存在。科学家在 2013 年发现了希格斯粒子的存在，证实了希格斯场的存在。另外，希格斯场虽然为一些基本粒子赋予了质量，但这些基本粒子的质量只占物质总质量的 1% 左右，剩下的质量主要归功于夸克与夸克之间的强相互作用力，这种内在力量的宏观体现也是质量。

77. 反物质

世界上的所有物质都是由各种粒子组成的，而这些粒子大多都存在跟自己质量相同，但是电荷相反的反粒子，比如电子的反粒子是正电子，质子的反粒子是负质子。这些反粒子组成的物质，就是反物质，正反物质一旦相遇，会发生湮灭，释放巨大的能量。

1995 年，科学家在实验室里制造出了一批反氢原子，原本一颗氢原子是由一个质子和一个电子构成的，而反氢原子是由一个带负电的质子和一个带正电的电子以同样的方式构成的。由于它跟正物质接触后会快速湮灭，所以我们很难对反物质进行深入的研究。

粒子与反粒子不仅电荷相反，其他能反的性质都会相反，比如中子与反中子都不带电荷，但它们的磁性相反。目前还没有发现能"稳定"存在的反物质，但有可能存在一个完完全全由反物质组成的反宇宙，只是这个宇宙距离我们非常非常遥远，也许在某个遥远的反星球，会存在一个镜像的、完全对称的反物质的我们。

78. 诺特定理

诺特定理是德国数学家埃米·诺特提出的，她发现宇宙中的每一个连续对称性都对应着一个守恒量。什么是连续对称性？什么是守恒呢？

在几何图形中，我们很容易分辨出对称性，比如正方形是左右对称的，圆也是左右对称的，但在旋转时，圆的对称性就比正方形更高，圆无论旋转多少角度都能跟原来的自己重叠，而正方形旋转90度才能跟原来的自己重叠，那么正方形具有离散对称性，圆具有连续对称性。物理学上的对称性跟几何学上的有些差异，但都是指某个物理定律或物理系统，在经历某个操作后，仍然保持不变，我们就称它在这个操作下具有对称性。

比如时间平移对称性，是指一个物理定律无论在什么时间都保持不变，牛顿运动定律不仅今天适用，明天适用，后天也适用，自然规律在不同时间都是一样的，这就是物理定律的时间平移对称性。

比如空间平移对称性，是指一个物理定律无论在什么空间都保持不变，牛顿运动定律不仅在北京适用，在成都也是适用的，自然规律在不同空间都是一样的，这就是物理定律的空间平移对称性。

比如空间旋转对称性，是指物理定律不会因为观察者的观察方向不同而发生变化，你在左侧观察实验和在右侧观察实验，没有任何不同，或者实验装置无论朝向什么方向，系统都遵守着同样的物理规律，这就是空间旋转对称性。

诺特通过高超的数学能力，从连续对称性推导出了守恒量，建立了两者之间的关系，并证明它们是等价的。

比如，时间平移对称性对应着能量守恒定律，能量守恒是指能量既不会凭空产生，也不会凭空消失，它只会从一种形式转化为另一种形式，或者从一个物体转移到其他物体，而能量的总量保持不变。你可以试想一下，如果现实中的重力不符合规律，每天都有所不同，那你在重力弱的时候举起一块石头，在重力强的时候再放下，同样是举着一块石头，输出的能量却凭空发生了变化，这就违背了能量守恒定律。

诺特还从空间平移对称性推导出了动量守恒定律，从旋转对称性推导出了角动量守恒定律等。她的这条定理对物理学大厦有着深刻的影响，包括爱因斯坦的相对论、杨振宁的杨-米尔斯规范场都受此启发。很神奇的是，诺特定理从经典力学的角度，推导出了量子力学的相关物理对应量，不确定性原理中有一些无法同时测量的共轭量，比如微观粒子的动量和位置、时间和能量、角度和角动量，仔细观察就会发现里面有诺特定理的影子。她早早揭示了空间和动量（空间平移对称-动量守恒）的关系、时间和能量（时间平移对称-能量守恒）的关系、角度和角动量（空间旋转对称-角动量守恒）的关系。

诺特定理在物理学中有非常重要的作用，对称性是现代物理学的研究重点。

79. 宇称不守恒

杨振宁和李政道获得了 1957 年的诺贝尔物理学奖，正是因为提出了宇称不守恒。在他俩提出这个理论之前，科学家认为宇宙是和谐对称的，好比我们看镜子中的自己，动作、表情、穿着都跟镜外的自己是对称的，在微观世界中，一个粒子和它的镜像粒子似乎也应该有同样的性质，有同样的运动规律，这就是宇称守恒。

在引力、电磁力、强相互作用中宇称都是守恒的，唯独在弱相互作用中出现了反常，互为镜像的粒子运动并不对称。

微观粒子不可能照镜子，那么一个粒子的镜像对称到底是什么呢？是空间反射对称，比如一个顺时针自旋的原子核和一个逆时针自旋的原子核，它们很像镜子中的彼此，这就是一对镜像粒子。当时科学家找到了 θ 粒子和 τ 粒子，这两种粒子无论是质量、电荷、自旋、寿命都是一样的，本质上就是一种东西，但它们在弱相互作用的环境中，衰变的产物却不一样，光看衰变产物，你很难倒推出它们的前身是一样的，这就是宇称不守恒。

当时宇称不守恒是很有争议的，它太挑战传统观念了，完美对称的物理世界被撕开了一个缺口，很多人不接受这个观点。不久后，华裔物理学家吴健雄用实验证明了弱相互作用下宇称不守恒。吴健雄做了两套实验装备来观察钴 60 的衰变，一套装备中让钴 60 的原子核向"左"自旋，另一套装备中让钴 60 的原子核向"右"自旋，这两套装置的钴 60 互为镜像，实验表明，同样是钴 60，它们在两套装备中的衰变产物并不一样，衰变放射出的电子数有差异，且放射物的方向也不对称。

吴健雄的实验证明了宇称不守恒，让杨振宁和李政道在提出理论构想后仅仅一年的时间就获得了诺贝尔奖。

80. 上帝掷骰子吗

"上帝不掷骰子"这句话是爱因斯坦说的，他当时说这句话的目的是抨击量子力学。爱因斯坦是决定论的支持者，他接受不了量子力学的不确定性，他认为上帝不掷随机的骰子。

在量子力学出现之前，我们是按照牛顿经典力学来理解世界的，理论上任何事物的状态都是可预测的。我们知道了一个物体的初始状态，就能预测出它在下一刻的状态，就算出现不能预测的情况，也不是因为事物本身无法被预测，而是因为人类能力有限，无法感知事件背后的所有隐变量。比如扔硬币，看似随机，实则是确定性的，只要你知道扔硬币时的各种受力参数，就能预测出硬币下落后到底是正面朝上还是反面朝上，只不过隐变量太多，计算过程太麻烦，我们无法计算而已，但本质上它是确定性的。凡事可以从原因推导出结果，这就是因果决定论。

但量子力学完全颠覆了这一切，它认为世界是不确定的，世界的运行规则就像是上帝在扔骰子，是随机的。

微观粒子的运动轨迹并不是连续的，而是随机的，它一会出现在这儿，一会出现在那儿，就算观测无数次，也总结不出它的运动轨迹，就算知道一个粒子的初始状态，也无法推算出它下一刻的状态。不仅如此，我们连粒子的初始状态都无法确定，我们的观测手段会影响观测结果，一切都受到不确定性原理的约束，在哲学上，是否存在"客观实在"备受挑战。

不确定性原理的哲学是爱因斯坦接受不了的，他认为量子力学中出现的随机现象，并不是真随机，上帝并不真的扔骰子，而是有太多隐变量，有太多因果关系没有被人类发现而已。

从现有的实验结果来看，爱因斯坦错了，量子力学是成立的，所以上帝扔骰子。

81. 真随机和伪随机

我们日常生活中所遇到的随机事件几乎都是伪随机，包括音乐播放器的随机模式、买彩票、各类抽奖活动等，都不是真正意义上的随机，而是看起来很像随机的伪随机。

拿扔硬币来举例，一个硬币被扔下后是正面朝上还是背面朝上，看起来像是随机事件，但实际上可以通过测量扔硬币时的力度、角度、阻力等参数计算出硬币落下时的结果，只要算力足够强大，是可以计算出来的，即便扔硬币的人认为自己是在随机扔，但只要他持续扔成百上千次，必然会暴露自己在扔硬币这件事上的行为偏好，也许扔十次统计不出什么规律，但持续扔上千次，迟早会露出马脚，被揪出规律的。又比如计算机生成的随机字符，都是在模拟随机，实际上是用算法计算出来的，算法就是确定性的规律，无论它的计算结果看起来多么随机，其实都不是真正的随机。

那什么是真随机呢？是那些在底层逻辑上就没有因果关系，没有确定规律，无法被预测的事件，比如微观粒子在被测量时坍缩的位置就是真随机，你无法推测一个粒子在下一刻出现的精确位置，就算实验上万次，也不可能统计出任何确定性的运动轨迹，它不受因果关系的制约，这就是真随机。

　　大自然可以轻轻松松做到真随机，但实现真随机对人类来说却很难。

82. 普朗克长度

　　世界到底可不可以无限分割下去呢？我们的直觉认为当然可以，一个大的东西可以切分成小东西，小东西可以分成更小的东西，一直把它分到分子的尺度，再往下还有原子、质子、中子、夸克，但是像夸克这样的粒子就是基本粒子，它们是组成物质的最小单元，不可以再分了。在物理学里，世界并不是无限可分的，有尽头。

　　这并不是因为科技发展阶段的限制，我们没有能力往下分割，而是世界的本质就是不能无限分割，我们可能因为技术的发展，发现新的基本粒子，但它最终也是有尽头的，有最小尺度的限制。

　　那么这个最小尺度是什么呢？就是普朗克长度。普朗克长度大约是 1.6×10^{-33} 厘米，这是一个比 0 大一点点的数字，不可能比这再小了，之所以会出现最小尺度的限制，根源在于量子力学的波粒二象性和不确定性原理，如果我们要测量一个粒子的尺度，就需要发射光子去探测它，然后通过粒子反射的光子信号来推测它的长度，微观物质的尺度越小，那么用于探测它的光的波长就必须越短（光的波长就像一把尺子的刻度，如果光子波长太长是没办法精准确定粒子位置的），波长越短能量就会越大，巨大的能量集中于一点，就会使这个点变成一个能量密度极高的黑洞，黑洞里所有物理规则都会失效，变成另一个完全不可知的世界。

　　普朗克长度是可测量的极限尺度，它就像是世界的尽头，在这个尺度之下就是黑洞，一切将会失去意义。

83. 真空不空

　　哲学家说大自然厌恶真空，这句话是真的，真空并不是空的。我们日常生活中认为真空就是把空气抽走，但是在物理学的概念里，真正一无所有的空间不仅无法实现，在理论上也不存在。

　　就算把一个空间里的空气抽走，还会有很多杂质，就算把各种杂质去除掉，还会有原子、电子等物质粒子，就算把这些粒子清空，还会存在微波背景辐射，即便把宇宙微波背景辐射都去掉了，真空也不会那么空。

　　在真空里，还存在着看不见摸不着的能量，这些能量会以虚粒子的形式呈现，它们凭空产生，又会很快湮灭。为什么真空里也有能量呢？这是因为宇宙的不确定性不允许能量为 0 的情况存在，如果某处的能量为零，那么它的一些共轭量都可以同时被确定为 0，这违背不确定性原理，所以哪怕在真空中，也会存在涨落的能量，这些能量会以粒子的形式存在，所以绝对空空如也的空间，并不存在。

84. 绝对零度

绝对零度是理论上的最低温度。

温度的本质是微观粒子的运动，我们之所以能感受到一个物体的温度，是因为这个物体的分子在做微观运动，比如说一杯水，如果它很烫，是因为它的水分子运动很剧烈；如果一杯水的温度很低，是因为它的水分子运动相对缓慢。

那什么是绝对零度呢？就是分子停止运动时体现出来的温度，科学家推算出来是-273.15℃，但这个温度只是一个理论值，现实中永远无法达到，为什么呢？微观粒子静止不动意味着它的位置固定且速度为零，这种情况只会出现在宏观世界中，微观世界是遵循不确定性原理的，粒子的速度和位置不能同时确定，静止就意味着粒子的位置和速度能被同时确定，这违背了不确定性原理，所以绝对零度是一个只能无限接近但无法达到的温度。

85. 一秒钟的长度

一秒钟到底有多长呢？我们通常认为地球自转一圈是一天，一天是 24 小时，1 小时是 3600 秒，那一秒钟就是地球自转一圈的 1/86400 这么长，但用地球自转来定义时间是不准确的，因为地球自转的速度并不均匀，如果用它做时间标尺会有误差。

后来科学家对一秒钟有了更精准的定义，它是指铯 133 原子基态的两个超精细能级之间跃迁所对应辐射的 9 192 631 770 个周期所持续的时间。

这句话特别复杂，下面进行名词解释。

铯是一种金属元素；基态是指原子处在最低能量时的状态，此时原子里的电子在离原子核最近的轨道上运动；两个超精细能级之间跃迁是指当电子吸收了能量后会跃迁至更高的能级，但当它处在较高能级上时，状态又不会太稳定，会把刚刚吸收的能量以电磁波辐射的方式释放出去，它就这样来回吸收和释放电磁波，形成一个辐射周期，当它辐射 9 192 631 770 个周期时，所持续的时间就是一秒钟。

铯 133 原子的振荡周期是非常稳定的，它定义的时间非常精准，铯原子钟就是利用这个原理制成的。

86. 激光

最早提出激光原理的人是爱因斯坦，他提出四十多年后，激光才真正被发明出来，所以激光并不是自然界天然存在的。

普通的光是向四面八方散开的，而激光是定向发光，方向性很好；普通光一般是由多种颜色的光混合而成，但激光的颜色极纯，单色性很好；激光还是世界上亮度最高的光，比太阳光更亮。那为什么激光会有这些普通光没有的特性呢？

普通光和激光的发光机制很不同，普通光源之所以发光是因为光源中的电子吸收了外界能量，电子从低能级跃迁到高能级上，但到高能级后状态不会太稳定，又倾向于回到之前的低能级，于是就把刚刚吸收的能量重新释放出来，释放出的能量就是以光子的形式辐射出去的，此时的光子是杂乱地四处乱跑的，所以我们看到的普通光往往是弥散开的，但激光发射出来的光子，都是朝同一个方向，有相同相位，有同样的频率，光子的步调非常一致。

激光的不同主要来自于光源材料的特殊性，这些材料吸收了外界能量后，它们的电子同样会跃迁到更高能级，但跟普通光源不同的是，激光光源的电子跳到高能级后相对较稳定，能在高能级停留比较长的时间，然后再用特定频率的光照射这个材料，这个照射光的能量恰好等于电子从高能级调回低能级时需要释放的能量，在这种情况下电子就很容易被照射光诱发，吐出跟照射光同样频率同样方向的光子，当大量步调一致的光子发射出来时，就形成了激光。

87. 半导体

我们都很熟悉导体和绝缘体，导体就是容易传导电流的物质，比如金属；绝缘体就是不容易传导电流的物质，比如塑料。还有一种物质叫半导体，它的导电性是介于导体和绝缘体之间的，导电性能可以被人为控制。

导体之所以容易导电，是因为它的原子核外电子很容易挣脱原子核的束缚，成为可以自由移动的电子，这些电子在电场的作用下做定向运动，便形成了电流。绝缘体之所以不容易导电，是因为原子里的电子被束缚得很紧，不容易产生可以自由移动的电子，所以电阻很大。而半导体介于两者之间，现在最常见的半导体材料是硅，它在正常情况下是不导电的，因为硅原子最外层电子数是 4，硅原子与硅原子之间会共同形成 8 个电子的共价键，这8 个电子是非常稳定的，如图 27 所示。但如果在硅中掺入一些像砷和磷这样的杂质，增加游离的自由电子，就可以增强导电性，或者随着温度增高导电性增强。

我们利用半导体这种可以在绝缘体或导体之间切换的特性，可以做很多事情，比如用它来制造芯片、LED 照明、太阳能电池等。

硅原子

硅原子最外层有 4 个电子，硅原子与相邻的硅原子共
同形成了 8 个电子的共价键，达到稳定的状态

图 27

88. 声控灯

为什么声控灯只有晚上有声音时才亮，而白天就不会亮？它到底是怎么工作的呢？

声控灯有两个控制开关，一个是光敏开关，一个是声控开关。光敏开关的核心是光敏电阻，它是用像硫化镉这种半导体材料制成的，当白天有光照的时候，它内部的电子会吸收光的能量，这些能量让电子足以脱离原子核的束缚开始自由移动，从而让它的导电性能增强，所以有光照的时候它的电阻会变小，没有光照的时候它的电阻会变大，从而实现用光来控制电流的通断。而声控开关有一个麦克风用来接收声波，声波是振动的，它会使麦克风内的驻极体薄膜跟着振动，这种振动会导致电压发生变化，变化的电压也可以控制电流的通断。

声控灯同时拥有声音传感器和光敏传感器，所以可以同时识别声音信号和光信号，从而实现用光线和声音来控制开关的功能。

89. 二极管

　　二极管是一种具有单向导电功能的器件，通常由 P 型半导体和 N 型半导体拼接而成。那什么是 P 型半导体，什么是 N 型半导体呢？

　　我们都知道，金属一般都是导体，因为金属元素的电子不稳定，容易处于自由移动的游离状态，所以容易导电；而绝缘体的电子容易被原子核束缚，结构稳定，不容易导电。半导体的导电性介于两者之间，硅片就是典型的半导体。

　　硅原子最外层有 4 个电子，硅原子与硅原子之间形成共价键，共同拥有 8 个电子，处于很稳定的状态，所以纯净的硅片是不导电的。但如果向硅片中添加杂质，就会影响它的导电性。当向硅片中添加 5 价原子时，比如磷，磷的最外层电子数是 5，加上硅最外层的 4 个电子，一共有了 9 个电子，其中 8 个构成稳定的状态，多出来的一个电子就是会移动的自由电子，拥有自由电子的半导体就是 N 型半导体，如图 28 中左图所示。如果往硅片里加 3 价原子，比如硼，它与周围的硅原子形成共价键，硼最外层有 3 个电子，加上硅最外层的 4 个电子，一共变成了 7 个电子，相比起最稳定的 8 个电子少一个，就产生了一个空位，这个空位被叫作空穴，有空穴的半导体材料就是 P 型半导体，如图 28 中右图所示。

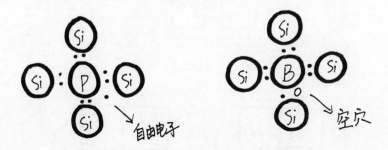

P：磷
往硅片里添加磷原子，会产生自由电子

B：硼
往硅片里添加硼原子，会产生空穴

图 28

当 N 型半导体和 P 型半导体拼接在一起时，在它们接触的区域会形成 PN 结，如图 29 所示。如果对它施加正向电压，N 区的自由电子向 P 区移动，正好填补 P 区的空穴，此时二极管导通，如图 30 所示。但如果对它施加反向电压，N 区的自由电子没办法顺利流入 P 区，则二极管无法导通，如图 31 所示。所以，二极管具备单向导电性，正是由于这种特性，二极管可以像个开关一样，跟其他电阻、电容等元器件排列组合成不同的电路。

二极管的运用是非常广泛的，像收音机、电视、饮水机等各类电器产品，都会用到它。

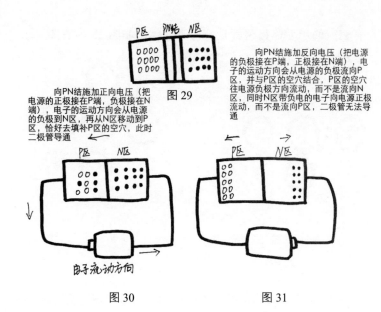

向PN结施加正向电压（把电源的正极接在P端，负极接在N端），电子的运动方向会从电源的负极到N区，再从N区移动到P区，恰好去填补P区的空穴，此时二极管导通

向PN结施加反向电压（把电源的负极接在P端，正极接在N端），电子的运动方向会从电源的负极流向P区，并与P区的空穴结合，P区的空穴往电源负极方向流动，而不是流向N区，同时N区带负电的电子向电源正极流动，而不是流向P区，二极管无法导通

图 29

电子流动方向

图 30

图 31

90. 太阳能电池

为什么太阳能电池被阳光照射后就可以发电呢？其实太阳能电池就是一块大型的半导体材料，它的工作原理跟二极管差不多，都是由 P 型半导体和 N 型半导体构成的。

P 型半导体是硅混合了硼这样的三价元素制成的，硅原子最外层有 4 个电子，硼最外层有 3 个电子，它们加起来的最外层电子数是 7 个，离稳定的 8 个电子差一个，所以产生了一个空穴，有空穴的半导体就是 P 型半导体。N 型半导体是硅混入了像磷这样的 5 价元素制成的，硅和磷的最外层电子数加起来是 9，大于 8，多出来一个可以自由移动的电子，有自由电子的半导体就是 N 型半导体。如果将 P 型半导体和 N 型半导体结合，它们的交界处就会产生一种现象，N 区的自由电子和 P 区的空穴会向对方扩散，在一个有限的区域里相互结合达到动态平衡，形成一个内电场，这个区域就是 PN 结，如图 32 中左图所示。

如果此时有太阳光照射，PN 结中的空穴和电子吸收了阳光的能量，会打破稳定的状态脱离束缚离开 PN 结，返回到各自原来的区域，电子流向 N 区的方向，空穴流向 P 区的方向，如果在这里连一个回路，电子可以顺着回路的方向流动，通过导线重新与 P

区的空穴结合，就能形成稳定的电流，这就是太阳能电池，如图
32 中右图所示。

PN结

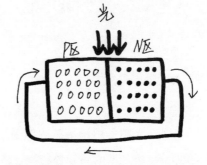

太阳光照射PN结，PN结中的空穴和电子吸收了阳光的能量，脱离束缚，往各自原来的区域流动。如果在这里连一个回路，电子可以顺着回路的方向流动，形成稳定的电流

图 32

91. 芯片

芯片听起来很高科技，实际上除了手机、电脑要用到芯片，像电水壶、电饭煲这种日常生活用品，或者小朋友的智能小玩具，都会用到芯片，它用途很广泛，那究竟什么是芯片呢？

芯片的体积很小，一般只有指甲盖那么大，但是它上面排列着密密麻麻的晶体管，每一个晶体管都是一块迷你的半导体材料，越高级的芯片上面的晶体管数量越多，有时候一平方厘米的芯片上有上百亿个晶体管，把这些密密麻麻的晶体管连成集成电路就得到了芯片，就可以向外传输或输入数据了。传统连接电路的方式是把元器件焊接起来，但是芯片太小了，上面的元器件（晶体管）太小太多了，没法焊接，只能用光刻的技术，在硅片上雕刻出元器件来。

为什么晶体管做成集成电路后就可以发挥如此大的作用呢？这涉及半导体材料的特性，半导体可以完成从导体到绝缘体之间的切换，可以通过控制电压的方式来控制晶体管是否导电，一个晶体管就像一个能控制电流通断的开关，它们被安放在电路的不同位置。

通过这些开关的排列组合，布局出一张路径网络，就像一张迷宫网，电流可以根据电压指令和晶体管的开关通断前往不同的路径，从而传递不同的信息，所以晶体管越多的芯片能承载的信息越多，也就越高级。要想一个芯片上的晶体管更多，就需要让晶体管更小，排列更密集，我们经常说的 14 纳米芯片或 7 纳米芯片，指的是一个晶体管的栅极长度，长度越小越先进。

芯片的难点不在于是否能生产出来，而在于芯片追求精度的路是没有尽头的，永远要朝逼近极限的方向努力。

92. 光刻机

　　光刻机是制作芯片最主要的设备。一个指甲盖那么大的芯片上可能分布着百亿个元器件，要把这百亿个元器件连成集成电路，靠人工电焊的方式是不行的，那怎么办呢？需要光刻机将电路在硅片上刻出来，也就是把光当成刻刀，在硅晶圆上刻上密密麻麻的电路。

　　现阶段低端光刻机有好几个公司能造，但是高端光刻机只有荷兰的阿斯麦一家公司能造。高端光刻机有很多技术难点，首先光源非常重要，只有波长足够短的光源才能分辨出更小的尺寸，而短波的光特别难造。目前大部分光刻机用的是 DUV，也就是深紫外光，阿斯麦的光刻机用的是 EUV，也就是极紫外光，它的波长比深紫外光更短，只有这种光源才能刻出更小尺寸的元器件。另外，光刻机的一些零件必须特别精细，比如蔡司公司提供的反射镜，镜面需要绝对光滑，不能有一点小凸起，光滑程度是人造材料中的最高水平；光刻机的整个生产过程必须无尘，一个纳米级别的小颗粒，就可能让整个芯片报废，所以对各个环节的生产要求很高；而且一个高端光刻机有大约 10 万个零件，每个零件都是世界最顶尖的水准，涉及很多国家的技术结晶，横跨无数个产业链，需要各个产业链协同，这使它的制造难度非常大。

93. 超导体

　　我们都知道导体是可以导电的物体，电阻越小导电性越好，而超导体就是电阻小到为零，超级能导电的物体。在日常生活中是不存在这样的物体的，只有一些特殊物质，在接近绝对零度这样超低温的情况下才能变成超导体，比如汞在-269℃的时候就会变成超导体。

　　除了电阻为零的特性，超导体还有很强的抗磁性，也就是说，它特别讨厌磁性，如果让它靠近一个磁场，比如把它放到磁铁上，磁场中的磁场束是无法穿透超导体的，只能弯曲从它身边绕过去，如图33中左图所示。但如果外界的磁场足够强，它的抗磁性又不是那么彻底，就会有少量磁场束像漏网之鱼一样穿过超导体，只不过这些磁场束为了不影响导电性，会被超导体固定住，就好像被锁住了似的，所以把超导体放在磁场上面，它会始终悬浮在那里，不会掉下来。这种悬浮不是吸附力也不是斥力，而是超导体跟磁场束相互锁住了，这种现象叫作量子锁定，如图33中右图所示。

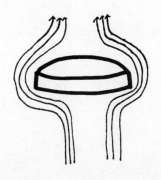
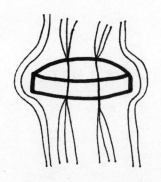

超导体的抗磁性，磁场束无法穿过超导体　　　　少量磁场束被"锁定"在超导体内

图 33

　　超导体有很多可利用的地方，因为电阻为零，所以在导电的时候没有能量损耗，可以节约大量能源；还因为悬浮的特性，它可以做超导磁悬浮列车等。不过现阶段，超导的使用范围很有限，因为它只存在于很低的温度中，即便现在很火的高温超导，也不过是可以比-230℃略高而已，这是一个很严格的温度条件，如果未来科学家找到了室温超导，那就有很多可以利用的地方了。

94. CT

CT 到底是如何扫描人体，帮我们做医学诊断的呢？

我们肯定都有过这样的尝试，夜晚时把手放到灯光前，手把光线遮挡住了，墙上就会出现手的投影。而如果把普通的可见光换成 X 光来照射，就会出现另外一番场景。X 光的波长比可见光短很多，穿透力也强很多，它可以直接穿透人体而不会被完全遮挡，但由于人体不同组织的密度不同，对 X 光的吸收程度不同，不同组织在底片上投射出的阴影明暗程度也不同。比如，骨头密度大，吸收的 X 光较多，能到达底片上的 X 光剂量少，在底片上能清晰地看到骨头的阴影；而软组织密度小，对 X 光吸收少，在底片上看起来就模模糊糊的，这样我们就能在底片上区分不同的人体组织，从而发现异常。

但如果光是一张照片，我们还无法分辨病灶的大小、厚度和位置，所以需要不同角度的 X 光片，CT 就像一个洗衣机滚筒，它让 X 光围绕着患者旋转，从不同的角度拍摄影像，最后通过计算机的数据加工，形成不同截面的扫描图，这就是 CT 的工作原理了。

95. 核磁共振成像

核磁共振跟 CT 有什么区别呢？CT 是用 X 光照射人体来成像，它有一定有害辐射，但核磁共振没有什么有害的电离辐射，它和 CT 的成像原理是完全不同的。

我们人体有很多水分，水分子是由氢原子和氧原子构成的，核磁共振就是通过探测人体水分中的氢原子，来对我们的身体进行成像的。

人体内有无数个氢原子核，它们都在不停地杂乱无章地自旋，氢原子核是带正电的粒子，带电粒子的运动会产生磁矩（效果相当于小磁铁），如果此时在它们周围外加一个磁场，这些氢原子核就会跟外磁场发生相互作用，会突然从杂乱的自旋状态，开始变得步调统一进行规律的运动。与此同时，再向这些氢原子释放跟它们运动频率一致的射频，因为频率一致，所以氢原子核会跟这个外来的射频产生共振，同时在共振中吸收能量，从低能级激发到高能级。

如果在这个时刻，突然让射频消失，氢原子核没有了持续的能量供给，又会从高能级掉落回低能级，把刚刚吸收的能量释放出来，释放的能量就以电磁波的形式辐射出来，这个电磁波就是一种信号，如果人体某个部位有异常，电磁波信号也会呈现异常状态，经过计算机分析后，就能看到我们人体到底哪个部位有问题。

核磁共振是基于对水分的探测，所以含水量越多的部位看得越清晰，它在软组织成像上要明显优于 CT。

96. 彭罗斯三角

彭罗斯三角的命名来自于 2020 年诺贝尔物理学奖得主罗杰·彭罗斯，又被叫作不可能三角。它是由 3 个长方体构成的三角形，两个长方体之间的夹角是直角，如图 34 所示。这个图形在现实中是不可能找到的，只存在于二维世界，即便有一些跟彭罗斯三角相关的建筑，它原本的构造也是其他的多边形图形，只不过在特定的观察角度，在视觉上可以看出彭罗斯三角的图案。

彭罗斯三角

图 34

为什么在二维空间中，彭罗斯三角看起来又挺和谐呢？这是因为人的视觉错觉，我们会受到图案的远近、明暗、透视等因素的影响，把一个原本是二维的图形，强行脑补成三维的，所以彭罗斯三角看起来很真实，实际上又不可能在三维空间中存在。

　　彭罗斯三角还有很多变形，比如彭罗斯阶梯、内克尔立方体、恶魔音叉等，都是不可能图形。艺术家埃舍尔画了很多只可能存在于二维世界中的三维图案，刻画了非常多的矛盾空间，十分具有数学美感，大家可以找来看看。

97. 伯努利效应

伯努利是一位瑞士的物理学家，也是流体力学的先驱，他提出了流体的流速与压强的关系：当水流或气流的流速越小时，压强就越大；当水流或气流的流速越大时，压强就越小，这就是伯努利原理。

如果你拿两张纸平行放置，然后对着两张纸中间吹气，会发现纸张不仅不会因为增加了气流往外飘，反而会往里贴拢，如图35 所示。这就是因为气流加速运动使得纸张中间的气压变小，纸张外的气压大于纸张内的气压，让这两张纸向里靠拢，这就是伯努利现象。

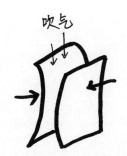

往两张纸中间吹气，纸张会往里靠拢

图 35

伯努利原理是可以通过能量守恒原理推导出来的，动能和势能的总和是一个恒定值，所以动能和势能体现为此消彼长的关系，可以把流体的流速理解为动能，把流体的压力理解为势能，由此可以解释为什么流速越大压强越小，反之亦然。值得注意的是，并不是所有情况都完美契合伯努利原理，它需要建立在一些前提假设上，假设流体是平稳地沿着流线运动的，流线不会彼此相交，假设流体不具有摩擦力，假设流体的密度相对恒定，如果不符合这些假设，情况会变得更加复杂，要考虑更多变量进去。

生活中有很多伯努利效应，比如我们在等火车进站时，要站得离它远一点，以防被快速运动的火车吸入轨道，发生事故。

98. 船吸现象

船吸现象是伯努利效应的一个现实体现，当两艘船在平行向前行驶时，如果它们之间的距离靠得比较近，船体很容易不听掌舵者的使唤，越行驶越靠近，以至于最终相撞，这就是船吸现象。

之所以会出现这样的情况，是因为船在行驶时会把水往船体两侧排。当两艘船靠近时，它们中间的水量会增大，同时过道又比较狭窄，相同时间要流过的水量增多，水流加快。根据伯努利效应，两艘船中间的水流速度快，压强小，而两艘船外侧的水流速度更慢，压强更大，使得它们越靠越近，像被吸拢似的，如图36 所示。所以两艘船在并排行驶时尽量不要靠太近。

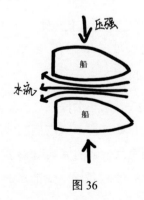

图 36

99. 虹吸现象

如何将一个杯子里的水转移到另一个空杯里呢？除了直接把装满水的杯子拿起来往空杯里倾倒，还可以利用虹吸效应。

把装满水的杯子放在高处，空杯放在低处，再拿一根 U 型管，向 U 型管中灌满水（或把空气抽走），接着把 U 型管的一端插在装满水的杯子里，另一端插在空杯里，在不施加任何其他外力的情况下，就能看到水会源源不断地从满杯流至空杯，这就是虹吸效应。

虹吸现象主要由"压强差"导致，液体会从压强大的一边流向压强小的一边，下面是对这个过程的详细拆解（如图 37 所示）。

1、满杯中 A 处的水之所以会上升到最高点 S，是因为 A 点的水受到大气压强，而吸管里没有空气，形成了气压差，于是在大气压的作用下，水被推挤到 S 点。

2、当水上升到 S 点后，它不会停在这里，而是继续往空杯流，这是因为 S 点左侧的水压始终比 S 点右侧的水压大。（因为大气压强在哪都一样，所以跟空气接触的 A 点和 B 点的压强一样，而水压却跟水的深度有关系，水位越深承受的水的重量越多，水压越大，根据公式：$P = \rho g h$〔压强=水的密度×重力加速度×水的深度〕，那么 S 点左侧的压强等于大气压强减去$\rho g h_1$，S 点右侧的压强等于大气压强减去$\rho g h_2$，而h_1小于h_2，所以 S 点左侧的压强始终大于 S 点右侧。）

3、B 点的水在重力的作用下流进空杯，当这些水流走后，管子里产生一段真空，于是在负压的作用下，会源源不断地吸收 S 点的水来填补"真空"。

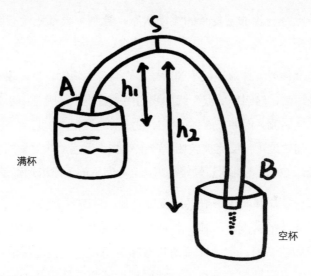

图 37

所以我们在给鱼缸换水的时候，就不用把重重的鱼缸扛起来倒水，只需要装一根灌满水的虹吸管就行了。

100. 湍流

湍流是一种非常复杂的流动状态，直到今天都还没有明确的数学解法。

当液体或气体流速很小的时候，它会分层流动，呈现相对规则的线性运动，这叫作层流，比如我们用吸管喝水，吸管中水的运动状态就是层流。但如果液体或气体的流动速度很大，它就不再有清晰的运动轨迹了，层流被破坏，产生一些小漩涡，非常紊乱，这就是湍流，比如让飞机剧烈颠簸的气流，烟囱里的滚滚浓烟都是湍流。

区分层流和湍流一般采用雷诺系数，雷诺系数包含 4 个参数，分别是流体的密度、流速、特征长度和黏力。雷诺系数越小，意味着流体的黏力占主导，流动状态相对稳定，更接近层流；雷诺系数越大，惯性起主导作用，则更接近湍流。超过某个特定的雷诺系数就是湍流，这个值在不同情况下是不同的。

虽然雷诺系数[①]可以区分什么是湍流，但科学家并未找到明确的理论去描述湍流，不能精确地计算它的运动规律，所以湍流也被认为是经典物理学中最后一个未解决的难题。

---

① 雷诺系数=流体密度×流速×流体的特征长度÷流体的黏度

下

101. 宇宙是个单行道：熵增

我最早看到"熵"这个字是在王小波的文章《我为什么要写作》里，他说自己写作就是一个减熵的过程，如果要是不写这种严肃文章，转而写畅销爱情小说这些热门的东西，那就是熵增的范畴了。

在那篇文章中，减熵和熵增这两个词贯穿全文，我当时完全不明所以，搞不清王小波到底在说什么，于是查了很多解释，看到的答案基本上都是把熵定义为"混乱程度"，熵增就是混乱程度增加。这个解释并没有解开我的疑惑，反而让我更纳闷了，到底什么是混乱程度呢？混乱程度在增加是什么了不起的大发现吗？

直到我真正学习了热力学的知识后才恍然大悟，熵简直就是个天才的概念，熵增像一只无形的手决定着世界的走向，它激发了我对物理学的兴趣。

1. 热力学第二定律

熵脱胎于热力学第二定律。热力学第二定律描述了热量的传播方向，它的官方定义是：热量不能自发地从低温物体转移到高温物体。也就是说，在没有外部干预的情况下，热量总是单向传播的，不能像弹簧那样按压一下还能自然回弹，这意味着一些热量被传递后就无法再被回收利用了，变成了没有用的热量，这些无用的热量就是熵。由于热传递的方向是不可逆的，所以熵只会增加或不变，而永远不会减少，所以热力学第二定律也叫作熵增定律。

想要进一步理解熵增的过程，还需要理解什么是热量。物质是由一大堆分子组成的，分子在不停地运动着，运动就意味着分子存在能量，这种能量的宏观体现就是温度。也就是说，如果一杯水摸起来很热，那是因为它的水分子运动很剧烈，而一杯水摸起来是凉的，就意味着它的水分子运动相对缓慢。

如果将一杯热水和一杯冷水混合，剧烈运动的热水分子与运动迟缓的冷水分子相互碰撞，热水分子把自身的能量传递给冷水分子，最终两者的运动速度趋于一致，不再有新的能量交换，达到热平衡状态，此时系统的熵达到最大值，这个过程就是熵增。如果没有熵增定律，就会存在相反的情况。试想一下，把一杯冷水和一杯热水倒进同一个杯子里，冷水分子如果可以把能量传递给热水分子，那么冷的部分会变得更冷，而热的部分会变得更热，这样杯子里的水不仅不会热平衡，还会出现更冷的冷水和更热的热水，很显然这种情况是不存在的，所以熵增是单向的。

也许读者会有疑问，空调和冰箱制冷是怎么回事？它们不就让原本温热的环境变冷了吗？

熵增定律发生的重要前提是"一个孤立系统"，也就是不和外界发生能量交换的系统，空调制冷很显然耗费了电力，引入了额外的能量才能把房间的温度强行降下来，房间的熵虽然变小了，但空调做功后产生的熵变大了，综合算下来，系统中整体的熵还是增加了。热量虽然不能"自发地"从低温物体转移到高温物体，但是可以在外界的干预下实现局部熵的逆转。

2. 混乱程度

熵被描述为混乱程度，在科学定义下，到底什么是混乱程度呢？按照物理学家玻尔兹曼的提法，一个系统可能存在的状态数量决定着系统的混乱程度，熵的公式是 $S=k\ln\Omega$，其中 S 是熵，k 是玻尔兹曼常数，$\ln\Omega$ 是可能的微观状态数的对数，微观状态数 Ω 越大熵越大。

我们怎么来理解这个微观状态数呢？

假设有 4 个在不停运动的小球，编号分别为 1、2、3、4，把这 4 个球放进一个长方形的盒子里，当盒子的左右两侧各分布两个球时，熵是最大的，出现这种情况的概率也是最大的。

我们可以做一个简单计算，来理解熵的底层含义。如果要求盒子的左侧有 4 个球，那么这种情况只有一种可能，那就是 4 个球都在左侧。如果要求盒子的左侧有 3 个球，那么这种情况存在 4 种可能，可能是 1、2、3 号球在左侧，或者是 1、2、4 号球在左侧，或者是 1、3、4 号球在左侧，或者是 2、3、4 号球在左侧。如果要求盒子的左右两侧各存在两个球，那么这种情况存在 6 种可能，可能是 1、2 号球在左侧，或者 1、3 号球在左侧，或者 1、4 号球在左侧，或者 2、3 号球在左侧，或者 2、4 号球在左侧，或者 3、4 号球在左侧。（如图 38 所示）

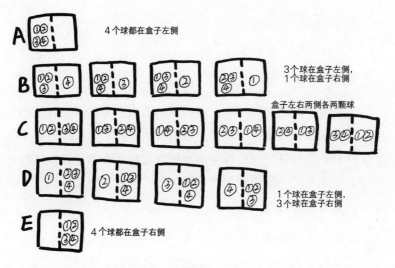

图 38

通过简单的计算就可以得知，盒子里出现左右两侧各分布两个球的情况存在 6 种可能，状态数为 6，大于其他情况，所以出现这种情况的概率最大，系统最终也会趋于这种分布，这就是熵值最大的表现。

另外，我们肉眼看到的混乱或者复杂程度是非常主观的，跟科学意义下的熵还是有区别的。就像在这个盒子里，左右各存在两球的情况是熵值最大的，但肉眼看这种对称分布还挺规整的，所以熵或者科学定义下的混乱状态，和我们的主观感受并非完全一致。

统计学在熵的计算中有非常重要的意义，事物的宏观状态都是跟它的微观粒子行为有关系的，我们没有办法得知每一个分子的运动状态，但可以统计出大量分子的平均行为模式，所以统计学和热力学有着深刻的联系。

3. 时间之矢

英国物理学家亚瑟·爱丁顿说"熵是时间之箭头"，时间只有一种方向，那就是向前。

时间的方向是由熵增决定的，我们之所以能感知到时间的存在，是因为过去和未来的不同，我们看到食物会腐败，破镜不能重圆，人死不能复生……很容易辨别过去与现在的差异，这种差异的本质就是过去的熵比现在的熵更低，时间在熵增的控制下，逝去后便不再回头。

熵增让时间变成了腐蚀剂，这种效果在生活中比比皆是。比如，人类在冬天烧木炭取暖，木炭燃烧时提供热量，烧完后转化成灰烬，这些灰烬无法再次燃烧，这就是熵增。

一辆车就算放在车库里不开，它的零件也会慢慢老化，落满灰尘，逐渐变成一辆废车，这也是熵增。

一个原本干净的房间，住一段时间后就变得乱七八糟了，这还是熵增。

熵增是指有效能量转化成无效能量，也指物质从有序状态转化到无序状态。由于宇宙的总能量是保持不变的，能量既不会凭空产生，也不会凭空消失，它只会从一种形式转化为另一种形式，或者从一个物体转移到其他物体，所以英国科学家开尔文据此提出了"热寂"假说，当宇宙的熵达到最大值时，宇宙中的其他有效能量已经全部转化为热能，所有物质的温度达到热平衡态，再没有可以维持生命的有效能量存在，这是宇宙的终极命运。

听起来是不是过于悲观了？我们对社会的直观感受好像并非

如此，社会的生产力和科技高速发展，越来越多的新鲜事物被创造出来，有新的生命在茁壮成长，新的高楼拔地而起，现代社会比原始社会明明更有秩序了呀，这还是熵增吗？是的，这也是熵增。

地球之所以存在欣欣向荣的迹象，是因为地球并非是一个孤立系统，我们依靠太阳而活，阳光在源源不断地给地球注入低熵，与地球上的各种物质发生相互作用，提供生命所需的各种养料。地球上的所有人类活动，无论高楼大厦、互联网、AI、繁衍等，都是对太阳和地球能量的花式运用，任何局部发生的熵的逆转，都伴随着更大范围的总熵的增加。

我看很多人把熵增定律称为最绝望的定律：它意味着衰退，意味着在每一个历史阶段，有效能量都会被消耗到更低的水平，世界的混乱程度不断增加，人的生命越来越难维持，为了在贫瘠的环境里生存，必须付出越来越大的功，所以人们不得不发明更复杂的技术，以维持一个勉强过得去的生活。（摘自《熵，一种新的世界观》）

我们从小看到的世界是蓬勃发展的，互联网改变了所有人的生活，我们曾经以为新技术能提高效率，创造更大的财富，让世界变得更文明有序，这其实是机械论的指导思想，而按照熵增定律的解读，这种技术发展带来的繁荣可能只是暂时的，一段时间后技术的红利耗散殆尽，人类必须去开垦更复杂的新技术，寻找新的生活模式，哪怕是维持现有的生活都需要付出更大的努力。

从宏观的视角去理解熵增，确实有一层悲伤的色彩，但对我们个人而言，熵增这个概念又有着积极正面的启发。

我曾经最爱讲的就是"随缘吧"，无论对人际关系或是工作都处于看缘分的状态，如果万事万物都遵循熵增定律，随缘的结果就是熵增主导的，最终走向破裂的可能性很大，倘若要得到积极正面的结果，只有付诸行动，主动注入低熵。所以对我来说，维系良好的人际关系，追寻美好的人生理想，维持健康的身体，都需要用积极正面的劳作来减熵。美好的事物并不是躺平就可以获得的，它有门槛。

102. 混沌中的秩序

因为工作的关系，我需要经常跟流量和市场打交道，久而久之会有一种无力感。市场总是阴晴不定，我们的营收也总是波动，有时候明明工作很勤奋却得不到市场的积极反馈，有时候明明没做什么新动作营收却不错，劳动量似乎跟业绩不成正比，同事之间也会开玩笑说"我们到底有什么用"。为了寻找到流量规律，更好地预测未来，我们试图建立数据模型，揪出一些规律，但把可掌握的营业数据找出来后，琢磨来琢磨去也看不出什么指导意义，就好像在分析股票 K 线图，它似乎反映了市场大势，但又很难从中找出影响数据波动的确切因果关系，这些有限的数据有时甚至不如我们的直觉好用。

无法得出确定性的答案，但似乎又觉得存在某件确定的因果关系，迫于变量太多，想要预测未来需要的算力太大了，大到无法精确预测，这就是混沌。

混沌是世界的常态。旗帜在空中摇曳、溪水急速奔流、气候变化等现象都是混沌研究的范畴，这些现象都是以非线性的面貌呈现的。那么什么是线性？什么又是非线性呢？比如一辆汽车，每个零件对应一个功能，当某个功能发生故障时，把对应的零件维修好就可以了，这就是一对一的线性关系。但世界的运转机制并不像汽车维修这么简单，变量与变量之间的关系不是独立的，而是相互影响的，这使得事物的整体不再等于部分之和，而是大于部分之和，变得复杂，这就是混沌。

不过，就算世界再怎么纷繁复杂，也架不住人类的野心，我们总想要得到事物运转背后的密码，所以不停地建立模型，用近似的运算去厘清混沌背后的秩序。

第一个用数学公式来描述生物演化的是计算机科学家阿兰·图灵，他在 1952 年发表了论文《形态发生的化学基础》，用数学公式来描述生命演化的形成，这个公式试图解释生物形态，比如奶牛的花纹、斑马的花纹、贝壳的纹路的演化等。为什么动物身上会有这些形态各异的花纹呢？图灵认为，任何复杂的生物都是通过细胞相互作用产生的，这种简单的相互作用，最终会自发地演化成不同的样貌。也就是说，这个方程的含义是"在简单的初始条件和简单的发展规律下，也可能演化出非常复杂的系统"。图灵公式虽然不算完备，但在此之前从来没有人想过用数学来计算生物淡化过程，它给科学研究方向提供了新思路。

真正让"混沌"这个概念浮出水面的，是气象学家洛伦兹，他提出了一个鼎鼎有名的概念——"蝴蝶效应"，意思是："一只亚马孙河流域热带雨林中的蝴蝶，偶尔扇动几下翅膀，产生微弱的气流，这些微弱的气流引发一系列连锁反应，导致周围的空气系统发生变化，最终在两周以后引发了美国得克萨斯州的异常龙卷风。"像这样差之毫厘谬以千里的现象，就是混沌。

洛伦兹之所以能发现蝴蝶效应，因为他跟图灵一样，做了一套数学公式来模拟天气。在 1961 年的某一天，他像往常那样在计算机上进行天气预报的计算，但这一天他抄了近道，没有重新从头开始整个运算，而是从中途开始，把之前在此处输出的数值手动录入计算机，作为后续运行的初始条件，然后他就去喝咖啡了，回来以后发现出事了，这次计算结果跟往常的大相径庭。

洛伦兹百思不得其解，计算公式跟往常是一模一样的，机器也没有坏掉，为什么得出的结果跟往常的差异如此巨大呢？他仔细看了看数据后才突然反应过来，原来他输入的初始数值是 0.506，而计算机内存里的数值是 0.506127，为了节省空间只显示小数点后三位数，以至于洛伦兹在录入值时忽略了这个数值的微小区别，导致最后的计算结果差异很大。

蝴蝶效应是对混沌系统的比喻，它告诉我们要精准预测天气或其他混沌现象是不可能的，并且混沌系统对初始条件非常敏感，初始条件的微小差异会在一定时间的演化后被放大，最终得出南辕北辙的结果。

混沌理论如此令人难以琢磨，以至于它对拉普拉斯的决定论发起了挑战。按照数学家拉普拉斯的看法，世界没有什么是不确定的，宇宙现在的状态是由过去决定的，宇宙的未来是由现在的状态导致的，如果有一个全知全能的妖怪（俗称拉普拉斯妖），它知道宇宙所有的力和物体的位置，在任何一个历史节点它都可以运用公式，通过初始条件，推断出宇宙的未来及过去。这就是经典的决定论。

决定论的哲学在今天依然很流行，我们对确定性太渴望了，多么希望世界是可被理解的，但混沌理论给决定论泼了冷水。世界不是对称的，我们无法通过现在计算出未来，也无法通过现在反推回过去。混沌最有趣的部分是，它看起来如此不可捉摸，但这种不可捉摸实际上只是一种伪装，它伪装成了随机的样子，却并非真随机，其中也有蕴含着秩序的特征，在一定程度上也是可被掌握的，所以混沌对决定论的推翻也不是那么彻底。

那么怎么理解混沌中的秩序呢？

我们在大自然中找不到两片一模一样的叶子，也找不到两座一模一样的山峰，但叶子与叶子、山峰与山峰、雪花与雪花之间，它们虽然各有差异，却也大致相似，拥有一些可以被识别的特征，这种特征被称为"自相似"。于是科学家开始用分形几何来描绘这种秩序，"如果说一种形状是分形的，就意味着在这个惊人复杂的变化中隐藏着一种组织结构"。（摘自《混沌：开创一门新科学》）

"人体血管就是典型的分形结构，它们不断地产生分支，越变越细，最终狭窄到只容许血细胞逐个通过，这样的好处是把一个庞大的表面积装进一个有限的体积里，不占太多地方就可以把血液输送到身体各个地方，让血液系统高效运转。"（摘自《混沌：开创一门新科学》）

根据分形几何学的自相似性，美国科学家曼德勃罗创造出了曼德勃罗集合，也被称作上帝指纹，这个图案的特点是每个部分放大来看都是相似的，层层嵌套，有点像雪花、花椰菜的构造，是无数相似的部分组成的一个整体。图 39 所示是曼德勃罗集合图形，"只要你计算的点足够多，不管你把图案放大多少倍，都能显示出更加复杂的局部，这些局部既与整体不同，又有某种相似的地方"，这是一个非常美妙又有些典雅的图形。

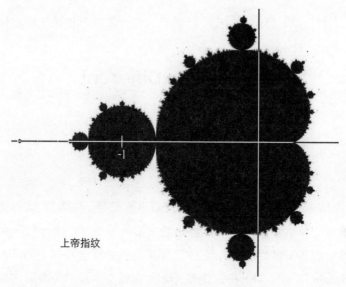

上帝指纹

图 39

　　分形结构只是研究混沌的一种角度，科学家还使用了很多别的手段，比如引入了吸引子的概念。它说的是，一个系统即便受到各种噪声的扰动，仍然有回到某个稳定状态的趋势，这个稳定的状态就叫作吸引子。越复杂的系统，吸引子的结构就越复杂，科学家通过研究特定系统的吸引子，来探寻混沌系统的秩序。

　　混沌就像世界开的一个大玩笑，充满戏剧性，它看似不可捉摸，却又要给你一些蛛丝马迹，吸引你去寻找它的内在密码，混沌与秩序相伴而行。混沌理论对我个人的影响在于，它让我放弃了对一些事物寻找解释的执念。向世界要一个解释，你会发现，世界不会给你答案，得不到确定的答案是生活的常态。

103. More is Different

More is Different，翻译成中文是"量变等于质变"。这句话看起来似乎没有什么特别的，像是老生常谈的道理，但却是凝聚态物理学的基本世界观，出自 1977 年诺贝尔物理学奖得主 Philip W. Anderson 的文章"More is Different"。这篇文章被称为凝聚态物理学的独立宣言，读懂了这句话背后的含义，就会明白它并非是什么普通的道理，而是具有颠覆性的道理，对哲学也有深远的影响。

1. 什么是凝聚态物理

说起来，凝聚态物理学的名气比起量子力学、天文学这些理论要小很多，听名字也不懂它到底在研究什么。实际上，凝聚态物理学的研究范围非常广泛，且研究人员众多，应用场景多。那么这门学问到底是做什么的呢？

我们知道，万事万物都是由分子、原子、电子这些微小粒子组成的，量子力学就是研究这些微小粒子的学问，当微小粒子凝聚成更大尺度的固态或液态时，就是凝聚态物理的研究范畴了。

凝聚态物理的研究核心是电子，不同材料里的电子运动模式不同，使得不同材料表现出不同的电学性质。比如，半导体就是凝聚态物理的研究重点，它是一种导电性能介于导体和绝缘体之间的材料，并且导电性会随着温度变化而变化。半导体在宏观层面的这种特质，是由其在微观层面上的电子行为导致的，正如石墨烯的电子运动形式跟半导体是不一样的，以至于它体现出来的宏观性质跟半导体有差异。

除了半导体，金属、超导体、磁性物质、纳米材料等，也都是凝聚态物理的研究范围。这些材料体现出的导电性、磁性、金属性，归根结底都是量子行为的宏观体现，所以量子力学被视为基础科学，而凝聚态物理研究的是大量粒子聚集起来的行为，是对量子力学的反复应用，以至于在当时科学界流行着一条鄙视链，认为量子力学蕴含着事物的本质，是最基本的物理学，而凝聚态物理并不是基本知识，它的理论前提是量子力学，研究量子力学比研究凝聚态物理更高级。基于这个历史背景，安德森的这篇《More is Different》问世，他在文章中反对了这种说法，以及这种说法背后的还原论思想。

2. 还原论

什么是还原论呢？绝大多数人都接受一个观念，认为世间万物无论多么复杂，都是由基本的定律支配的，再复杂的物理现象都可以拆分为一些基本的物理定律，还原到最小单位去认识它，比如研究人的生命，就可以把生物规律还原到分子运动规律去研究。还原论是长期占主导地位的科学方法论，那么这是不是意味着，研究凝聚态物理只需要把量子力学搞明白就行了呢？

答案是否定的，还原论在这里并不适用。大量粒子的集体行为，不能按照少数粒子的基本性质来做简单推演，那不再是简单元素的叠加，而是在不同层级的复杂性上，都会有崭新的性质出现。为理解这些新的性质所做的研究，同样是基础性的。

假设我们要预测龙卷风的运动轨迹，不用把问题还原到分子尺度，去计算每个空气分子的位置坐标，而是要直接放弃对每个分子的观测，去寻找龙卷风在宏观统计学上的特征，换个层级研究，不是去解决原来解决不了的问题，而是要重新定义问题，因为 More is Different。

另外，对称性破缺在其中发挥着重要的作用。对称性原本在物理学中极端重要。所谓对称性，是指存在不同视角，无论从哪个视角来看，系统都是相同的。比如在地面上做实验和在列车上做实验遵循着同样的物理定律，这就是"空间平移对称性"；去年和今年做相同的实验得到的结果相同，这就是"时间平移对称性"。除了这些，物理学中还存在着很多别的对称原则，其中对称性破缺意味着原来具有较高对称性的系统，逐渐出现不对称因素。比如晶体，它在微观尺度上，是高度对称地在空间中排列起来的，但在宏观尺度上，晶体的对称性要低很多，对称性发生了破缺。

随着系统的复杂程度增加，不仅微观对称性，连微观运动方程都将遭到破坏，继而呈现出新的特性，每个层级都会遇到属于这个层级的基本问题，沿用原来的认知方法是不灵的，应该去寻找符合这个层级的理论构架，而不是一味地依赖还原论。

3. 涌现

除了跟量子力学密切相关的凝聚态物理，生活中也存在着大量类似 More is Different 的例子，比如涌现。涌现是地地道道的科学名词，它在语文上的定义是指人或事物大量出现，而在科学中的定义是指整体大于部分之和，大量简单个体的组合形成了完全不同的新事物。比如蚁群，每只蚂蚁都不具有高级智能，它们不会思考，没有长远计划，只靠简单的本能活着，但大量蚂蚁集合在一起后，就形成了非常复杂且聪明的组织，它们一起觅食、筑窝，产生社会分工，变得有智慧，这种智慧就是涌现，是原来的个体不具备的。

科学家曾用计算机模拟蚁群的行为，制定了 3 条行为规则：第一条是每个蚂蚁都随机行动，第二条是每个出去的蚂蚁在碰到食物后会原路返回，第三条是每个出去的蚂蚁都会沿着当前气味最浓的方向前进。经过测试后发现，蚂蚁们果然选择了一条最优路径，同时保留了其他几条次优路径，当最优路径被阻断时，蚁群会选择次优路径觅食，展现出了抗风险的能力。蚂蚁就是在这种简单的规则下，发展出了比自己更高维度的有效组织。

20世纪80年代，一个叫 Craig W. Reynolds 的计算机图形专家，发明了仿真人工生命"类鸟群"。他模拟了大雁的飞行行为，跟上面讲的蚁群模拟类似，每只大雁也只遵守 3 条极为简单的规则，分别是靠近、对齐、分离，意思是每只大雁都向身旁的其他大雁靠近，每只大雁的飞行方向跟其他大雁基本保持一致，同时远离靠得过近的同伴，整个模拟场景就在这几条简单的规则下开始了，最后的结果跟真实场景非常接近，呈现出了复杂得难以预测的动态飞行模式。

除了蚁群和鸟群，大脑神经元也是典型例子，单个神经元的功能非常简单，但当上千亿个神经元构成神经系统后，就能让人产生思维和意识；人体细胞很简单，但这些笨笨的细胞却能构成精妙的人体器官；人与人之间都遵循着简单的行事规则，但彼此发生连接后，却涌现出新的社会秩序。

生物学家考夫曼说，生物的复杂性不是来自于基因，而是来自于基因之间的相互作用。

同样，涌现现象的核心不是个体，而是个体与个体之间的相互作用，即便只遵循简单的规则，随着个体数量的增多，也能派生出完全新鲜的事物形态。如果要了解复杂系统，就不能按照还原论的方式只把事件做简单拆分，"More"不再是简单元素的叠加，"More"可以完完全全不同，"More"会伴随着新的物理规则的诞生。

104. 迷你物理史

刚开始接触物理的时候，我感觉这门学科既庞大又繁杂，是块难啃的骨头，再加上我不喜欢按章节顺序学习（觉得这样太枯燥），习惯了跳跃式获取知识，所以在早期经常搞不清不同知识点之间的关系，像钻进了知识的迷宫。如果能先快速了解物理学的架构，对物理学的脉络有基本的认知，学起来可能会更轻松。我写这篇文章的目的，就是希望能尽可能简单地跟大家介绍物理学的历史进程，让这门学科看起来简单轻巧，是一门比想象中更容易上手的学科。

物理学的起源要追溯到古希腊时期，古希腊人为科学的萌芽奠定了思想基础，他们奉行着特别独特的文化，喜欢进行纯理性思辨，喜欢研究那些表面上看起来"没有用"的知识，喜欢追寻事物的本质。古希腊哲学家们推崇理性认识世界，拒绝以超自然、宗教或神话的方式解释自然（泰勒斯），甚至率先提出了原子论，主张物质是由各种不可分割的原子组成的（德谟克利特等）。亚里士多德曾写下第一本被称作物理学的书，他建立了自己的物理模型，用土、水、风、火和以太来解释物质。虽然古希腊人并没有建立起现代科学，但是他们提倡的理性主义思考方式却是科学的基石，在这个文化指引下，科学开启了自己的旅程。

现代物理学按照时间线可以大致划分为经典力学、热力学、电磁学、光学、相对论、量子力学、凝聚态物理学、宇宙学。这种分法并不完备，但它能大致厘清物理学的成长史。

一、经典力学

经典力学的核心人物就是大名鼎鼎的英国科学家牛顿，他在1687年出版了《自然哲学的数学原理》，这本书标志着经典力学体系的正式建立，其中最重要的就是万有引力和牛顿三大运动定律。在书中，他用完整的数学原理来描述宇宙间物体的运动，认为天上的运动和地上的运动是一回事，苹果落地和月亮围绕着地球旋转没有本质区别，理论上只要知道物体现在的运动状态、质量，以及受力情况，就能计算出物体在下一刻的运动轨迹。

这套原理不光是一系列的数学算法，它第一次对各种物理含义进行了清晰的定义，同时也输出了它的认知哲学：绝对时空观。牛顿认为时间就是时间，空间就是空间，它们之间没有任何关系，就算人类消失了，周遭的物质消失了，时间和空间都不受任何影响，时间仍然均匀流逝，空间依然恒定。这套理论在日后备受挑战，现阶段看来虽然它是错误的，但因为简单好用，在基础教育中的普及度很高，以至于牛顿的绝对时空观仍然有很深的群众基础。

当然，牛顿虽然是经典力学最核心的人物，却不是唯一的重磅大家，正如他自己的名言："如果我看得更远，那是因为我站在巨人肩膀上的缘故。"这些巨人就包括哥白尼、开普勒、笛卡尔、伽利略等人。

托勒密在公元 2 世纪提出了地心说，"地球是宇宙中心，所有天体包括太阳都是围绕着地球旋转的"。这是当时人们根深蒂固的观念，而哥白尼并不喜欢这套学说，他在自己的著作《天体运行论》里提出了日心说，认为太阳是宇宙的中心，所有天体包括地球都围绕着太阳旋转。

日心说并非哥白尼首创，早在古希腊时期就有这种观点，哥白尼只是把它发扬光大，并且日心说没有夯实的观测基础和数学方法，不能算是一套科学理论，但在科学萌芽的初期，日心说对推动科学发展起了重要的作用。后来开普勒在日心说的基础上，提出了行星围绕着太阳旋转的轨道并非正圆形，而是椭圆形的，行星的运动也不是匀速的，还试图用几何公式来对行星运动进行描述，提出了开普勒三大定律。

与开普勒同时期，还有一位天才式的人物伽利略，他是名副其实的"现代物理学之父"，他最广为人知的是比萨斜塔实验，据说他在比萨斜塔顶部同时扔了两个一轻一重的铁球，两颗铁球同时落地，证明物体下落速度与物体质量无关，只跟重力加速度有关（在不考虑空气阻力等外界干扰因素的情况下）。物体的重力加速度是一样的，所以不同物体的下落速度是一样的。

比萨斜塔实验并没有太多历史记载，真实性存在争议，但加速度的概念确实是伽利略提出来的。除此之外，自由落体、惯性、相对性原理等也是伽利略提出来的，他还发明了温度计、军事罗盘、光学望远镜等工具。除了这些贡献，更重要的是他建立了将实验验证作为事实依据的近代科学体系，科学不再只依靠传统的逻辑思辨，所以伽利略也是名副其实的"近代科学之父"。

有些读者可能会疑惑，惯性是伽利略最早提出来的，为什么惯性定律又是属于牛顿的呢？

牛顿更进步的地方在于，他将数学、物理、天文学统一了起来，搭建了整个经典物理学体系，对力、惯性、质量、动能等各种力学概念有了清晰的定义，并用简洁的数学公式描述，而其他科学家往往都是零零星星的贡献，也没有用到像微积分这样的数学工具。

经典力学对世界产生了巨大推动力，这座大厦已经建成 200多年，直到今天我们也无时无刻不用到它。

二、热力学

人类对热现象的研究非常久远，特别是对火的使用得心应手，但在理论层面一直没什么大的进展，直到伽利略的出现。伽利略是第一个发明温度计的人，他当时是医学生，发现有些病人体温跟正常人不一样，觉得应该有个测量温度的仪器，于是就捣鼓出了温度计。这个温度计虽然不能说太好用，但它开启了人类对温度的定量研究。

最早用来解释热现象的概念是热质，一种携带热量但没有质量的物质，物体吸收热质后温度升高，释放热质后温度降低。这个概念在 18 世纪末被打破，当时有个英国伯爵伦福德在工厂钻制大炮的时候发现，钻头在炮筒上打钻的时候会产生大量的热，如果热是一种物质，怎么会越摩擦越多，源源不断似的？因此他认为热不是一种物质。

热如果不是一种物质，那么它是什么呢？1841 年德国物理学家尤里乌斯·冯·迈尔猜想热是一种能量，并且得出了"能量既不能凭空产生也不能凭空消失"的结论，这是热力学第一定律的早期表述，后来克劳修斯给出了热力学第一定律的数学形式，它成为了物理学中的一条基本定律。

同样是克劳修斯，他在 1854 年的论文中表述了热力学第二定律："热量不能从冷的物体传向热的物体，如果没有同时发生其他变化的话。"他还顺带引入了熵的概念，意为耗散的能量。在任何一个孤立的系统中，熵都只会增加或者保持不变，而永远不会减少。

热量之所以是能量，是因为热量的本质是分子运动，在微观层面上的分子运动导致了在宏观层面上的温度的呈现，所以要深入地理解热现象，就需要理解分子运动。组成物质的分子数不胜数，热量也并非是单个分子的个体行为，而是一大群分子的集体行为，但是要研究每个分子的运动是不可能的，因此需要引入统计学的概念。同样是克劳修斯，他在自己的分子运动理论中引入了统计的思想，英国物理学家麦克斯韦从克劳修斯这里获得了启发，用分布函数描述在特定速率范围内分子数量所占的比例，由此诞生了物理学中第一个基于统计规律的物理定律。

克劳修斯和麦克斯韦奠定了热力统计学的雏形，真正让它成为一个体系化理论的是奥地利物理学家玻尔兹曼，他修订了麦克斯韦的分布函数，做出玻尔兹曼分布函数，用统计学的方式来诠释热力学第二定律，证明了熵和系统的微观态数的自然对数成正比，孤立系统的熵对应着系统分子的热力学概率，熵在统计学上总是趋向于最大值，由此将热力学和分子运动联系了起来。

热力学的所有理论中，最著名的就是热力学第二定律，它似乎是宇宙的一条铁律，决定了时间的方向，也指引着人类前进的方向。

三、电磁学

人类最早对电的研究是从生活中的静电开始的，有些物体在摩擦的时候会产生电的现象，比如，摩擦琥珀时会产生电，摩擦玻璃时也会产生电。美国科学家本杰明·富兰克林，也就是那位领导美国独立运动的开国元勋，他在思考为什么摩擦一些物体会产生电后，认为可能是有一种叫电荷的东西从一个物体转移到了另一个物体上。

1752 年，富兰克林做了一个著名的风筝实验，他在某个雷雨天放风筝，风筝上绑了一根金属线，闪电击中风筝，电荷通过这根被淋湿的金属线流入一个玻璃瓶中，富兰克林收集了一瓶子电荷回去研究，确认闪电和静电中的电是一回事，他还发现电流会让一把金属钥匙产生磁力，电和磁似乎有千丝万缕的联系，这就是电磁力的雏形。

30 年后，库仑在实验中发现静电力的大小与电荷成正比，与距离的平方成反比，并得出一组数学公式，这组公式被称为库仑定律，是静电力的基本定律，看起来跟牛顿的万有引力定律非常相似，同时开启了电磁学"定量"研究的时代。为了纪念库仑的贡献，电荷的单位被命名为库仑。

除了电荷，我们还常听到一个计量单位伏特。伏特也是一名对电磁学贡献巨大的科学家，他发现如果把一些金属串联在一起，会产生持续不断的电流，他认为电流跟水流一样，水流会因为地势的原因从高处流向低处，电流也存在影响流向的电势，电势之间的差被称为电势差，也就是我们熟知的电压。他那个把金属串联在一起可以产生电流的想法，其实就是干电池的雏形，这是个伟大的发明。

此时电还是电，磁还是磁，电磁学还没有真正诞生，直到一位大学物理老师奥古斯特在实验中发现电流会让小磁针偏转，这跟当年富兰克林发现电荷会让金属钥匙产生磁性遥相呼应，正式建立了电和磁的关系。物理学家欧姆在奥古斯特实验的基础上，发现电流强度会影响小磁针的偏转角度，梳理清楚了电流、电压和电阻之间的关系，这就是著名的欧姆定律。安培在此基础上直接把电和磁划上了等号，他认为电流产生磁性，如果将两根带电的导线放在一块儿，当这两根导线中的电流方向一致时，它们会相互排斥，当这两根导线中的电流方向相反时，它们会互相吸引，并在数学上定义了磁场周围产生电流的闭合路径，这也是第一次在真正意义上用数学的方式描述电磁力。

电流可以产生磁性，那磁可以生电吗？法拉第通过大量实验发现不仅磁可以生电，还总结出了电磁感应的各种情况，并据此发明了人类历史上第一部发电机。他的理论创新的地方还在于，引入了"场"和"力线"的概念，电周围有电场，磁周围有磁场，磁力线或电力线用来描述磁场或电场的分布情况，这是非常革命性的科学新概念，所以法拉第也被称为"电磁学之父"。

接下来电磁学的集大成者麦克斯韦出现了，如果真的要给有史以来的科学家排序，麦克斯韦和牛顿、爱因斯坦是一个梯队的，他的重要程度不言而喻。

一个科学研究领域一般会经历三个阶段，第一个阶段是定性研究，第二个阶段是定量研究，第三个阶段是用严格的数学方程来描述，这之后完整的理论体系就算是搭建起来了。麦克斯韦是数学天才，他将前辈们的研究成果综合了起来，建立了麦克斯韦方程组，包含了电流、电阻、电荷、磁场力等众多变量，是电磁学的集大成者。同时，他把法拉第"场"的概念发扬光大，提出了电磁场。他认为，磁生电，电生磁，磁再生电，电再生磁，电场和磁场不停地转换形成了电磁场，电磁场可以理解为电和磁发生相互作用的场域，同时还预言了电磁波的存在。

电磁波可以理解为电场和磁场在彼此交互时产生的振动。麦克斯韦计算出电磁波的传播速度跟当时测定的光速非常接近，所以他还给出了更大胆的预言：电磁波就是光。

麦克斯韦死后，一位更年轻的德国物理学家赫兹在实验中发现了真实存在的电磁波，并且测得电磁波的传播速度跟光速一样，完美证实了麦克斯韦的预言，这意味着电磁学的大厦就此完工，它区别于牛顿力学，建立在场论的基础上，是一个全新的物理学视角。

赫兹死后的第 3 年，电磁波开始投入应用，成为了传播信息的载体，人类正式开启了无线电时代，传输距离从最早的 2000 米到现在轻松跨越全球。电磁波虽然看不见摸不着，却是无形的基础设施，时时刻刻影响着我们每个人的生活。

四、光学

人类对光的好奇心主要是从几个问题展开的：光是什么？光是如何传播的？光是什么颜色的？光的传播速度到底有多快？

人们最早对光的折射与反射现象进行了研究。古希腊数学家欧几里得研究了平面镜成像原理，发现了反射角和入射角等参数；天文学家托勒密是第一个试图测量入射角和折射角的人；荷兰物理学家斯涅尔总结出了入射角和折射角的数学关系，还解释了我们看水中物体的位置会比实际位置更高，也是因为光的折射。

早期的望远镜就是利用凹凸镜对光的折射原理制成的。到了牛顿时代，望远镜已经比较流行，对天文感兴趣的牛顿当然也有自己的望远镜，他在前人的基础上对望远镜进行了改良，同时发现了色散现象。牛顿认为光不是单一颜色的，而是不同颜色光的复合，他用一个三棱镜把白光分解为五彩斑斓的光谱，还用倒置的三棱镜把色散后的光谱还原为白光。

在光谱中，除了我们熟悉的赤橙黄绿青蓝紫，还有一些我们看不见的光。1800 年，物理学家赫歇尔用三棱镜把白光分解成光谱，并应用温度计测量每种颜色光的温度，意外发现在红光以外的区域温度计上的读数还在升高，这意味着红光以外还有我们肉眼看不见的光，故被称为红外光。随着时间的推移，其他看不见的光也陆续被发现，德国物理学家伦琴发现 X 射线，法国物理学家维拉尔发现伽马射线，这些都是存在于光谱中，但肉眼无法看见的光。

在 1800 年以前，人们对光的研究还是在观测期，并没有进入定量研究的阶段，直到一位德国工人夫琅和费的出现。夫琅和费在一家玻璃制造厂工作，他造出了工艺水平高超的三棱镜，通过三棱镜色散发现，太阳光的光谱中分布着很多暗线，他把暗线都做了数量和位置的标记，称为夫琅和费线。后来物理学家基尔霍夫对光谱中的暗线做了解释。基尔霍夫有一天突发奇想把金属放到火中燃烧，然后用三棱镜把金属燃烧时的火焰分散成光谱，他发现不同金属在燃烧时的光谱都存在暗线，但暗线的位置不同，这跟夫琅和费线有什么关系呢？基尔霍夫解释道：物体发射什么光，它就相应地吸收什么光，吸收的光在光谱中就是一条暗线，暗线的位置只跟物质的元素有关系。太阳中含有镁、钠等金属元素，这些金属元素会各自吸收特定频率的光，所以太阳光的光谱会有暗线，这就是夫琅和费线的成因。

　　按照这个思路，我们可以在光谱中寻找不同位置的暗线，从而发现新的化学元素，靠这个方法，当时的人们进入了寻找新元素的高峰期。

　　光有光谱，也有自己的传播方式，那么光到底是什么呢？一派科学家认为光是微粒，一派科学家认为光是波，他们经历了旷日持久的争吵。

　　最早提出光是微粒的人是古希腊哲学家德谟克利特，他认为光是由一颗颗小圆球组成的，牛顿也持同样的观点，认为白光是由不同颜色的小微粒混合而成的，当白光照在物体上时，有些颜色的小球被吸收了，有些颜色的小球被反弹了出去，这才使得世界充斥着各种颜色。同时，小球被反弹就对应着折射现象，如果是光是波，折射就显得没那么好解释。

牛顿的死对头、英国皇家学会会长胡克是坚决反对微粒说的，他认为光是波，这样光的衍射现象才说得通，并且光跟水波一样有振动频率，光的振动频率决定了光的颜色。后来英国科学家托马斯·杨做了惊世骇俗的杨氏双缝干涉实验，不仅证明了光是波，还测量了光的波长。牛顿的微粒说似乎败下阵来。

关于光是什么的争论并没有终结，直到爱因斯坦解释了光电效应，才给光的本质做了定性。光电效应是指用某些高频的光照射金属板，金属板会产生放电的现象。爱因斯坦认为，只有当光是粒子的时候才能解释这个现象，所以光是粒子也是被确认的事实。

那光究竟是什么呢？其实牛顿和胡克都没错，只是他们说得不够全面，光既是波又是粒子，简称波粒二象性。

既然光具有波动性，那它应该跟水波、声波一样，在传播时需要介质，科学家把这种看不见摸不着的介质命名为以太，它弥漫在宇宙各处，在真空中绝对静止。为了寻找神秘的以太，科学家们前赴后继，最后却扑了个空。

麦克斯韦提出了测量以太的思路，如果以太相对于太阳是绝对静止的，地球又是相对于太阳运动的，那么地球运动时就会产生迎面吹来的以太风，以太风会导致光速发生变化，如果测量不同方向上的光速，就能观测到以太。物理学家阿尔伯特·迈克尔逊和爱德华·莫雷做了一个联合实验，发现不同方向上的光传播速度竟然是一模一样的，丝毫不受任何以太风的影响。光速不变让以太说岌岌可危，以太似乎不存在。

迈克尔逊-莫雷实验让光学研究陷入了僵局，势必需要新的电动力学才能解释这一切，这颗球踢到了爱因斯坦的脚下。

五、相对论

在迈克尔逊和莫雷做光速不变实验时，爱因斯坦也产生了一种强烈的直觉，他认为光速对于任何一个惯性参照系都是相同的，并且在不同的惯性参照系中，物理规则也是一致的。在这两个前提下，他推导出了狭义相对论。

狭义相对论打破了牛顿的绝对时空观，建立了相对时空，它指出光速永远无法被超越，如果物体的运动速度接近光速，物体的质量会变得无限大，如果要维持同样的速度，需要无限大的能量支持，但很显然世界上不存在无限大的能量。爱因斯坦还天才地把质量和能量划上等号，证明了它俩就是一回事。

狭义相对论描绘了钟慢尺缩效应：当物体运动速度足够快时，相对于观测者来说，物体上的时间会变慢，物体的视觉长度会收缩；当物体的运动速度等于光速时，它的时间相对于观测者来说会静止，长度被无限压缩为一个点。时空不再是我们熟悉的那样永恒不变，它甚至可以膨胀和收缩，这真是个惊世骇俗的观点。

以太在这个时候就显得非常蹩脚了，狭义相对论是在光速不变的前提下推导出来的，而在光速不变的情况下，以太根本没必要存在，光的传播不需要介质。

解决了光的问题，爱因斯坦开始把注意力转移到引力，引力是什么呢？引力有传播速度吗？

爱因斯坦在 1915 年发表了广义相对论引力场方程，他认为加速度和引力是等效的，引力来自于时空弯曲，时空就像软体海绵似的被带有质量的物体压弯了，时间不再是各种物理现象发生时的背景，它也在参与反应。英国天体物理学家爱丁顿爵士在观察日全食时验证了广义相对论的准确性，使得爱因斯坦名声大噪，成为了金字塔顶端的科学家。

相对论乍一看离普通人很遥远，讨论的都是高速运动的情况和大尺度天体的相互作用力，但实际上相对论时时刻刻影响着我们现代人的生活，导航、点外卖、打网约车等，都离不开相对论的运用，而爱因斯坦几乎凭一己之力建立了相对论这座大厦。

六、量子力学

19 世纪末，物理的天空笼罩着两朵乌云，一朵是迈克尔逊-莫雷实验对以太说的挑战，另一朵是黑体辐射，前者发展为了相对论，后者开启了量子力学。

黑体是一种只吸收电磁波，但不反射电磁波的物质，它发射的电磁波都只靠自身的热量。科学家试图用公式描述黑体在不同温度下所释放的电磁波波长，最后发现如果按照现存的热力学理论，压根无法解释实验情况。德国物理学家普朗克在黑体研究中，率先提出量子化假说，他推测能量不是连续的，而是一份一份的。

1905 年，爱因斯坦沿着普朗克的思路，通过解释光电效应，提出光量子的概念，量子力学拉开了序幕。光是电磁波，同时光也是粒子，波粒二象性是量子力学如此"诡异"的根源。

那么粒子是什么？它是什么结构？是如何运动的呢？

1897 年汤姆逊发现电子，他的学生卢瑟福提出来半衰期的概念，并证实了原子是由原子核和外层电子组成的，认为原子核像太阳，电子像行星一样围绕着原子核运动，这个原子模型虽然不够完备，但影响非常深远，包括我们的中学课本都能经常看到他的原子示意图。卢瑟福的学生尼尔斯·玻尔改进了卢瑟福的模型，认为电子有自己特定的运动轨道，当电子吸收能量后就会从低能级跃迁到更高能级，电子的排列是有其特定规律的。

电子的运动除了有轨道，还具有更复杂的特性。前面在光学的部分提到了元素的谱线，就是让金属元素燃烧，把燃烧时的火焰色散成光谱，光谱中明亮或暗淡的线条就是谱线，彼得·塞曼发现在光谱上外加一个磁场，就会让谱线分裂成三条或更多条，这说明磁场改变了电子的运动方向，跟电子发生了相互作用。这是不是就说明电子本身在运动，运动的带电粒子产生磁性，磁性跟外加的磁场发生了反应？后来，奥托·施特恩和盖拉赫做了衍生实验，让银原子束穿过磁场，结果发现底片上出现两个黑斑，按理说银原子最外层只有一个电子，但却在磁场中发生了偏转，划分成了两个阵营，这说明电子本身存在自旋。

按照物理学家泡利的提法，他认为不存在两个或两个以上的电子处于完全相同的轨道，但上面这个银原子束的实验出来以后，泡利外加了一个条件，当两个电子自旋相反时可以处于一个轨道上。

如果光子是波，那么电子会不会跟光子一样也具有波动的属性？德布罗意提出了物质波的概念，他认为光的干涉和衍射现象，在粒子身上也会发生。后来汤姆逊的儿子小汤姆逊做了电子干涉实验，证实电子确确实实跟光一样，具有波动的属性。至此，量子的波粒二象性被真正确认下来。

薛定谔对德布罗意物质波的概念非常感兴趣，他把粒子运动时的波定义为波包，发表了薛定谔方程，用来描述波包的运动。他认为电子像一片云，没有具体的轨道和确定的点位。不仅仅是微观粒子，就连人这样的宏观物质在运动的时候也会有波，只不过波动性微乎其微，宏观物体的波不需要被考虑进去。

薛定谔的波动力学得到了很高的赞誉，可并不是所有人都认同，作为量子派的海森伯与他针锋相对，拿出了自己的矩阵力学与之抗衡，并提出不确定性原理——人们不可能同时精确测量一个粒子的位置和动量。后来玻尔做了补充，认为粒子在没有被观测的时候，是处于多重状态的叠加，但一旦被观测，粒子就会坍缩成一种状态，比如当电子没有被观测时，它处于多种状态的叠加，一旦打在屏幕上就呈现出粒子性，而当穿过双缝时则呈现波动性。按照不确定性原理，观测行为似乎影响着世界呈现的形态，这极大地冲击了经典力学建立的决定论哲学，连爱因斯坦都难以忍受这个结论，他反驳道：上帝不掷骰子！

上帝到底掷骰子吗？薛定谔方程和海森伯矩阵力学的出发点是不同的，前者立足于"波动"，后者立足于"微粒"，以他们为代表的两个阵营经常吵得不可开交。薛定谔、爱因斯坦、德布罗意等是波动派，海森伯、玻尔、波恩等是量子派（由于他们当时多在哥本哈根工作，所以也被称为哥本哈根学派）。

为了反驳哥本哈根学派，捍卫自己的哲学观，薛定谔提出"薛定谔的猫"，爱因斯坦提出 EPR 佯谬，这两个假说提出的初衷都是为了抨击量子力学，但最后却戏剧性地成了阐述量子力学的故事。

"薛定谔的猫"是著名的科学神兽，它被残忍地关进一个带有毒气瓶的盒子里，毒气瓶的开关由放射性原子控制，如果放射性原子发生衰变，毒气瓶打开，猫被毒死，而如果放射性原子没有发生衰变，那么毒气瓶保持关闭，猫依然活着。既然在没有观测的时候，放射性原子是处于衰变和没有衰变两种状态的叠加，那么猫就处于既死又活的叠加态，可是世间怎么可能存在既死又活的猫呢？然而在量子力学的解释里，这个荒谬的故事竟然是合理的。

EPR 佯谬其实就是量子纠缠。爱因斯坦说如果一个大粒子分裂成两个小粒子，根据互补原理，这两个粒子的自旋相反，一个自旋向上，一个自旋向下，但在没有测量的时候，谁也不知道它们各自对应着什么状态。假设让这两个粒子向相反的方向飞去，等到相距十万八千里时，再测量其中的一个粒子，如果测量出这个粒子的自旋向上，就能立马知道那个遥远的粒子的自旋是向下的，这两个粒子是怎么传输信息的呢？难不成粒子之间还可以远距离发生心灵感应吗？

爱因斯坦不肯放弃因果决定论，他认为量子力学中所有诡异的行为都是因为某个看不见的作用导致的，他把这种看不见的作用称为隐变量。他相信因果关系，而不相信绝对的随机。

1964 年贝尔提出了贝尔不等式，这是一个关于是否存在隐变量的数学公式推导。如果贝尔不等式成立，那意味着存在爱因斯坦口中的隐变量，如果贝尔不等式不成立，那隐变量就不存在。

越来越多的实验表明，贝尔不等式不成立，爱因斯坦错了，宇宙就像是在任性地掷着骰子，世界的本质是随机的，哥本哈根学派对量子力学的阐释依然是主流。

量子力学在哲学上的定义似乎已经很清楚了，但它的发展并没有完结，量子力学需要在数学上有更为精准的表述，发展为当下较为成熟的量子场论。

1927 年，保罗·狄拉克提出了"量子电动力学"，他将狭义相对论和量子力学结合了起来，描述了光子和带电粒子之间的相互作用，同时计算出电子的自旋是 1/2，还在后来提出了正电子，这也是科学家第一次提出反物质的概念。在此基础上，费曼、杨振宁、温伯格、希格斯等人持续完善了量子电动力学或量子场论，让理论对量子行为的描述有着极高的精准度。

量子力学的发展历程见证了科学的黄金时代，它帮我们呈现了微观世界的鬼魅图景，改变了我们看待世界的哲学，它跟相对论之间有着不可调和的矛盾，一个处理微观问题，一个处理超宏大的宇宙问题，仍然没有统一起来，所以很多科学家还在试图寻找那个宇宙大一统理论。

七、其他近现代物理

量子力学和广义相对论的建立，各自发展出了不同的物理学分支，在量子力学的基础上，发展出了高能物理和凝聚态物理，在相对论的基础上，发展出了天体物理和宇宙学。

高能物理其实就是粒子物理，它最重要的作用是建立了标准模型，在这个模型中存在 61 种基本粒子，这些粒子之间彼此发生强力、弱力、电磁力这 3 种相互作用力，它们组成了我们熟知的物质世界。但遗憾的是，标准模型并没有包含引力，所以它并不是完备的大一统理论。除了标准模型，核物理也发展迅猛，包括核聚变、核裂变及各种放射性等现象的研究，像原子弹、核磁共振、核电站等都是耳熟能详的对核物理的应用。

凝聚态物理是现今最活跃的物理领域。量子力学研究微小尺度的粒子行为，而凝聚态物理研究更大尺度的固态或液态。研究各种材料的电学性质，包括金属的导电性、半导体、超导体、磁性物质等都是凝聚态研究的范畴，它距离技术应用更近。

相对论的"后裔"天体物理和宇宙学是非常靠近的学科。天体物理研究天体的结构、化学成分、演化规律等，包括黑洞、中子星、星系结构等都是天体物理的研究范畴，而宇宙学的研究尺度更大，包括整个宇宙的演化，像宇宙大爆炸、暗物质、暗能量、宇宙微波背景辐射、宇宙膨胀等都是宇宙学的范畴。在广义相对论出来以后，宇宙学才算是真在正意义上开始建立。

科学到底是在探寻什么呢？爱因斯坦说"想离那个老家伙的秘密更近一些"，这个"老家伙的秘密"其实指的就是宇宙的本质。物理学家总有一个倾向，试图建立大一统理论去揭开整个宇宙的奥秘。牛顿统一了天上和地面上的力学，麦克斯韦集成了电力和磁力，大统一理论统一了电磁力、弱相互作用力和强相互作用力，但直到现在，引力仍被排除在外，它与大统一理论存在相互矛盾的地方，所以也有科学家提出万有理论，试图把世间所有的相互作用力都统一起来。现阶段比较主流的提法是超弦理论，它加入了多维时空的概念，这个理论在数学上有一定的合理性，但在实验中很难被验证，所以很多科学家非常排斥这套理论。未来物理学的方向在哪里，还需要时间给出答案。

学习物理史的过程中，我时时刻刻都在体会这门学科散发出的精神气质，这种气质就是快乐，饱满的快乐。它包含了科学家们孩童般的好奇心、鬼马的想象力、探索的勇气和面对实验结果的极度诚实。科学带领我们去触碰宇宙的永恒，帮我们找到那些保质期更长的知识，这个过程充满快乐和自由。

105. 牛顿宇宙的破绽

我在看近现代物理学的时候，经常会遇到"抨击"牛顿世界观的言论，最开始我非常纳闷，为什么会有人反对牛顿呢？牛顿的物理学不是写进中学物理课本了吗？我们从小就在学的知识难道还会有什么问题吗？

在没有系统学习物理之前，我认为科学是理科的范畴，是数学世界的规则，而哲学属于文科，是一种思维游戏，它只需要自圆其说，不需要被证明，甚至可以脱离科学而独立存在。直到我了解了科学史，接触了相对论、热力学和量子力学，才理解科学和哲学是多么密不可分，甚至牛顿那本科学巨著的名字都叫《自然哲学的数学原理》。可以说，我们表面上是在学习科学知识，实际上是被植入了这套知识背后的世界观，所以科学就是一种看待世界的方式。

牛顿经典力学对应着何种世界观呢？

我们先来盘点一下牛顿最主要的科学贡献：提出牛顿三大运动定律和万有引力定律，建立了经典力学；发明了微积分和二项式定理；认为白光是复合光并发现了光谱，发明了牛顿望远镜。

更为重要的是他建立了完整的科学方法论，率先在自己的著作中清晰定义了很多物理概念，包括质量、速度、加速度等（这些概念在之前是不明确的），把概念定义清楚以后提出力学公式。并且他不仅仅进行逻辑严密的数学推演，还非常重视可重复验证的实验。

牛顿经典力学振奋人心的地方还在于，它把天上和地下的运动法则给统一了起来。在亚里士多德的时代，人们认为天和地是不同的，它们由不同物质组成，遵循着不同的运行规则。但牛顿似乎多了上帝视角，对于他来说，无论是苹果落地还是月球绕地旋转，都遵循着同样的定律。万有引力可以解释潮汐现象，可以解释自由落体，可以解释月球运动，似乎可以解释一切，甚至可以预测未来。在牛顿之前，物理规则大多是对一些自然现象的归纳总结，但牛顿建立了完整的数学算法，使物理定律变得可以预测未知现象，比如牛顿力学就精确预测了哈雷彗星回归时间，甚至连今天的火箭都是运用牛顿定律升空的。

牛顿运动定律太强大了，人们就像得到了尚方宝剑，由此变得更加自信。曾经被老天爷左右的人类开始产生了人定胜天的念想，再加上教育的普及，二百多年以来大家都在吸收牛顿的思考方式，潜移默化地复制着牛顿哲学。牛顿哲学的本质其实就是机械论。机械论是唯物主义的，它认为世界是由物质组成的，物质是客观实在的，不依赖于人的主观思想，事件背后存在着确定的因果关系，各种现象都可以用机械运动的方式来描述。

虽然机械论在牛顿之前就开始萌芽，但牛顿经典力学让这种世界观真正发扬光大。相比从前，世界的脉络变得清晰可见，人们只要掌握物质规律，找到事物之间的因果关系，就可以解决很多问题，而不需要求神拜佛。那是不是意味着神就变得没那么重要了呢？牛顿思想首先冲击的就是神学。

众所周知，牛顿并非无神论者，他认为宇宙最初是靠上帝推动的，引力也是上帝之手。而机械论的后续发展并非如牛顿所料，它到后来干脆把神剥离了出去，宣称世界不需要神的存在，也就是说牛顿本人跟牛顿经典力学所持的世界观并非完全一致，后人在牛顿力学的基础上，发展出了更彻底的牛顿主义。

法国物理学家拉普拉斯将决定论推向顶峰，他认为自然界和人类社会都存在客观规律和因果关系。他假想了一个叫"拉普拉斯妖"的智者，这个智者知道某个时刻所有自然运动的力和所有自然物体的位置，然后通过牛顿力学式的运算，就能知道宇宙的过去和未来。对于这个全知全能的智者来说，没有任何事情是含糊的。

当时拉普拉斯受到拿破仑的接见，拿破仑问他说："我看了你这本写天体力学的书，为什么没有看到上帝？"。拉普拉斯回答："陛下，我们不需要上帝这样的假设。" 拉普拉斯在牛顿经典力学的土壤上，完全抛弃了用上帝来解释这个世界。

从我个人的角度，曾经是对机械论的观点全盘接受的，从来没有怀疑过这套理论的合理性。可能因为我在中学时期受到牛顿力学的教育，在面对问题时，总会不自觉地启用这套思维方式，习惯于去联想事物背后的因果关系，做执行时也会习惯把一个大问题拆解为多个小问题逐个击破。我在这套思维方式中收获了很多好处，直到后来学习了更多的物理知识才意识到，原来机械论也有很多破绽，它遭到了非常强有力的冲击。

1. 相对论对经典力学的冲击

相对论修正了牛顿经典力学的时空观。牛顿的理论体系是建立在绝对时间和绝对空间的假设上的，他在《自然哲学的数学原理》中写道：

"绝对的、真正的和数学的时间自身在流逝着，而且由于其本性是在均匀地、与任何外界事物无关地流逝着。

"绝对空间，就其本性而言，是与外界任何事物无关且永远是恒定的和不动的。"

也就是说，在牛顿看来，时间和空间是客观存在的，就算人类灭绝了，时间仍在均匀地流逝，空间仍然是恒定的，并且时间和空间是两回事。

但爱因斯坦打破了牛顿的绝对时空观，他的相对论把时间和空间结合了起来。理论上，时间会随着空间的变化而变化，时间不再是均匀流逝的，空间不再是永恒不动的，时间可以膨胀，空间可以弯曲。这打破了我们的日常认知。

相对论极大地冲击了牛顿宇宙观，但还算不上颠覆性的，爱因斯坦还是在牛顿宇宙的大框架里，他依然认为世界是客观实在的，是因果决定论的。

2. 量子力学对牛顿经典力学的冲击

量子力学的核心哲学是不确定性，这和牛顿经典力学的确定性有着本质区别。爱因斯坦忍受不了不确定性，他认为上帝不掷骰子。在哲学上，爱因斯坦站在了牛顿这边，但很可惜，现阶段他们被证明是错的。

牛顿哲学是关于可预测的，只要知道所有初始条件，就能算出物体在下一刻的运动轨迹，量子力学否定了它，我们不仅不能计算微观粒子的运动轨迹，甚至粒子连所谓的初始状态都没有。

不确定性原理以前被翻译成"测不准原理"，指的是粒子的一些共轭量无法被同时测量，比如位置和速度，越要精确测量粒子的位置，它的速度就越难测量，越要精确测量粒子的速度，它的位置就越难测量。看起来像是人类的能力有限所以测不准，但实际上"测不准原理"的翻译是不准确的，粒子不是测不准，而是它的本质就是不确定的，它就不能同时拥有位置和速度。

当我们没有在测量时，粒子同时处在空间中的所有位置，当我们在观测时它才会坍缩成某个具体的状态，并且观测方式会影响观测结果。它好像在戏弄人类，你要什么就给你看什么，但就是不给你看全部。所以世界到底有没有客观实在呢？客观实在论变得岌岌可危。另外，根据不确定性原理，粒子的运动非常随机，它的运动不是连续的，运动前后不存在因果关系，我们只能掌握粒子运动的概率，就像上帝掷骰子一样随性。

量子力学是对机械论的一次真正颠覆。

3. 热力学对牛顿经典力学的冲击

热力学最重要的特性是不可逆，在不借助任何外力的情况下，热量只能从高温物体传递到低温物体，不能反过来。熵只会增加或不变，而不能减少，这意味着在一个系统中，当一个物体在经过一个过程到达另一个状态后，熵增已然发生，无论用尽世间任何方法，都无法让系统复原，这就是不可逆。

而牛顿经典力学是可逆的理论。可逆并不是说能让我们在现实中实现时空逆转，让我们回到过去，而是一个理想状态，是一个理论上可实现的极限过程。当一个物体在经过一个过程到达另一个状态后，再反向进行所有操作，系统就能复原。也就是说，在经典力学的公式中，把时间的变量 T，改成 $-T$，一个物体又会回到初始状态。

在牛顿宇宙中，自然界是对称的可逆的数学结构，在热力学的宇宙中，大自然是不对称不可逆的演化过程。

4. 复杂科学对牛顿经典力学的冲击

凯文·凯利说：如果说原子是 20 世纪科学的图标，那么在 21 世纪，原子成为过去，取代它的是充满活力的网络。

凯文·凯利所说的网络，其实就是复杂科学，它带来了新的看待问题的视角。前面的文章已经提到，还原论一直是主流的科学方法论，任何复杂的难题。只要拆解为一个个小问题，逐个击破，就能解决整体问题，这是典型的机械论式的思考方式，是基于牛顿经典力学带来的线性逻辑，而现实世界更加复杂，处处充满着非线性的情况。简单的神经元可以实现高级的智能，简单运动的水分子可以构成无法预测的湍流，简单个体在大规模聚集后，涌现出更为复杂的现象，整体大于部分之和，这是还原论无法处理的。

自然界在发展中总会涌现出新的可能性，系统中的各个要素之间会发生相互作用，系统中的各个要素也会跟外部环境发生相互作用，碰撞出大量自发性的现象，产生自我调节机制。这意味着，一个聪明的系统可能并不必然需要一个强大的中央大脑，有好的机制和简单的元素就能勾勒出非常复杂的图景，正如《爱、死亡、机器人》的短片《虫群》里的主题——"智慧不是生存的唯一方法"。

所以，牛顿经典力学不仅仅是一套物理算法，它背后代表着一整套思维方式。这套思维方式几乎统治世界 200 年，从工业革命开始，机械论似乎在反复证明它的正确性，工厂自上而下地发明了流水线作业，把复杂的产品分解为简单的零部件来生产，产品和流程越来越标准化，一切以效率优先，追求效率的道路越来越窄，组织这台大型的效率机器试图让每个人变成螺丝钉。

写这篇文章时，我总有种感觉，人的思维模式逃不出时代，注定被当前的科学技术局限。我学了更多的物理理论后，才知道牛顿经典力学并不完备，它不是唯一的思考路径，追求效率也不是唯一的道路，世界比我们想象的更复杂。我们可以从量子力学中学习如何拥抱不确定性，可以从复杂科学里学习如何创造开放性的土壤，让美好的事物自发性地演化出来。

总之，世界不止一种样子，它何其奇妙。

106. 科学的审美

我曾经看杨振宁对狄拉克的评价,他认为狄拉克写的东西像"秋水文章不染尘",没有任何渣滓,直达深处,直达宇宙的奥秘。狄拉克方程和狄拉克反粒子理论可以用"性灵出万象,风骨超常伦"来描述,存在着极高的数学之美。相对地,杨振宁却说海森伯的文章虽然有天才的独创性,但思路中却存在不清楚、有渣滓、有时茫然乱摸索的特点。

科学中存在审美吗?按照我们日常的观念,审美似乎是个非常主观的词,它存在于文艺作品中,但科学研究的是自然学科,自然有客观实在性,是理性主义的,不被感性左右的,怎么也会跟审美挂钩呢?

其实我最开始喜欢上物理,正是因为物理学中的极致之美,时空弯曲、量子自旋、宇宙红移等,每一个物理概念都是诡谲的场景,它们既陌生又无处不在,既反直觉却又可被实验验证,那些看似枯燥的物理方程,对应着宇宙某个角落正在发生着的场景,正如爱因斯坦的广义相对论方程,它虽然长得像一串乱码,绝大部分人都看不懂,但却向我们展示了黑洞的诞生、宇宙的涟漪、时间的变形,仿佛大自然就是科学家们的画布,为我们勾勒出了前所未见的画面。对于普通人来说，学习物理就是在欣赏科学之美，欣赏宇宙之美。

那么什么是物理学的审美呢？

首先，审美是一种偏好，是一个人信奉的东西，它让我们在面临选择时，能更明确地做出决定，我们在所有事情上做出的判断，都是根据我们对好坏美丑的区分，审美不同选择就不同，所以审美有高低，如果没有审美，就会选择困难。

科学中处处面临着抉择，它都依赖着科学家们对美的判断，那么在科学家眼中，什么是高级的审美呢？不同物理学分支为什么会存在审美差异？

一、科学之美的前提：数学推论和实验结果

海森伯曾说：纯粹的数学思辨不会有什么成效，因为它玩弄着大量形式，不再去寻找实际上构造自然界的形式。而纯粹的经验主义也不会有什么成效，因为它最终陷入无止境地制造无内在联系的表格的困境中。只有通过大量事实和可能适合它们的那些数学形式之间的相互作用，才能够涌现出决定性的进展……

海森伯的这段话点出了科学的两个重要因素，一是要有严格的数学推演，二是要有事实论证，缺一不可。如果没有实验，全靠数学推演，做出来的东西就是空中楼阁，缺乏实际价值，就算逻辑上无懈可击，那也是残缺的、不美的。如果只有实验，没有数学上的严格证明，就会像无头苍蝇似的，做一大堆实验拼图，缺乏系统性的理论价值，而数学理论能帮我们更加"精准"地预

测世界。

所以数学和实验都要有，狄拉克和海森伯的差异就在于，狄拉克有超高的数学审美，他凭借在数学上的嗅觉，做出了非常精美的狄拉克方程，计算出了自旋，同时还在数学上得出了存在反物质这样的结论，后来在实验中获得了验证，这就实现了对美的极致追求。而海森伯的方法却更依赖于实验，实验先行，通过实验结果再去设想与之匹配的数学公式，由于实验本身可能出现不完备的地方，可能由于技术限制、实验方向出现问题等因素，使得海森伯写的文章也会出现犹豫、有渣滓、没做干净的感觉。数学这把刀是锋利的，不拖泥带水的，毕竟只有它才可以把宇宙计算到非常精准的程度。

连薛定谔都讽刺海森伯的理论缺乏艺术层次，不像狄拉克，把对数学之美的追求作为了自己的研究方向，正如狄拉克本人所说："这是我们（指他和薛定谔）的一种信条，相信描述自然界基本规律的方程都必定有显著的数学美，这对我们像是一种宗教. 奉行这种宗教是很有益的，可以把它看成是我们许多成功的基础。"

不过，海森伯的执拗，正是我很喜欢他的地方。他更看重实验结果，就算实验结果多么反常，跟自己秉持的理念多么相悖，他也会选择相信实验结果，而不是固守自己原有的观念，而另一些科学家却选择另一条道路，当实验结果跟自己信奉的观念相悖时，他们会选择相信自己的观念，而不是改变看法，比如爱因斯坦，他因为在哲学上相信因果决定论，所以反对量子力学，因为量子力学违背了他的信仰。这种对信仰的坚持有时候会大有裨益，有时候却成为科学的阻力。

这些年很火的超弦理论，就因为无法被实验验证而备受争议，即便它在数学上有很强的合理性。1979 年诺贝尔物理学奖得主、美国科学家谢尔登·格拉肖就认为超弦是一门与物理没有关系的学科，认为它是不美的"肿瘤"。

总之，数学和实验构成了科学的两大要素，没有实验的科学就像闭门造车的纸面游戏，没有数学的科学就像一盘不成体系的散沙，无法对世界做出更精准的预测，两者缺一不可。

二、科学之美的风格偏好：对称性

费曼说："为什么我们要关注对称性？首先，对称对人类的大脑来说是迷人的，每个人都喜欢某种程度上对称的物体或图案。"

生物进化似乎更偏爱对称性，大自然中有很多天然的对称图案，人体是左右两半对称的，蝴蝶是左右两半对称的，大象也是左右两半对称的，对称有非常和谐的美感，我们在视觉上很容易分辨，但物理学上的对称不仅仅是左右对称，它有其独特的含义。

对称有非常多的分类，比如圆在旋转后跟最初的样子没有差别，所以圆具有旋转对称性；我们在照镜子的时候，看到镜中的人和自己没有差别，这是镜像对称性。这种经历过某个过程，还保持"不变"的特征，其实就是对称性的内涵。

同样在物理学中，某个系统或某个物理定律在某种操作下还保持不变，这就是物理学上的对称性。比如，在北半球的某个实验室做了一个实验，得到一个实验结果，那在南半球的某个实验室以完全相同的条件做这个实验，得到的结果是一模一样的，这就是物理定律的空间平移对称性。如果今天在实验室里做实验得到的实验结果，和明天在同样的条件下做实验得到的结果一样，这就是时间平移对称性。如果在做实验的时候向左转动实验装置，得到一个实验结果，然后再向右转动实验装置，得到跟前面一样的实验结果，那么这就是旋转对称性。

我们熟知的牛顿运动定律就遵循空间平移对称、时间平移对称、旋转对称、镜像对称等，我们无论在何时何地、任何方向上观察苹果下落的轨迹，都可以用牛顿运动定律去解释。

除了牛顿运动定律，其他物理规则也都具有对称性，对称性使它具有更强的普适性，更能抵达世界的本质。我们不用发明繁复的物理定律，只需要一个原则就能解释宇宙运行规则，这就是简洁的、直抵事物本质的。

对称性不光是物理学家发明理论时的偏好，更是上帝的偏好。20 世纪初一位德国数学家艾米·诺特把对称性推上了前所未有的高度，她认为物理学中的对称性和守恒定律一一对应，每个对称性都对应着一个守恒定律，从空间平移对称出发，可以推导出动量守恒；从空间旋转对称出发，可以推导出角动量守恒；从时间对称出发，可以推导出能量守恒。

诺特的论断基于严格的数学计算，具体的算法我们不用掌握，但我们大概可以感受到，守恒定律是宇宙的本源，那么对称性就好像是宇宙的内在基因，它让世界充满着简洁的、和谐的结构之美。因为对称性太奏效了，所以有些科学家甚至把对称性奉为信仰，只要发现一条新的对称性，就想要去找到与之对应的守恒定律。

对称性是优美的，因为它靠近真理，那么既然有优美的物理学，有没有丑陋的物理学呢？

有的，奥地利物理学家泡利说"固体物理就是脏的物理"。固体物理是凝聚态物理的前身，为什么对世界影响巨大的凝聚态物理，是脏的呢？因为它存在对称性破缺，对称性破缺并非没有对称性，而是原本有较高对称性的系统，出现不对称的因素，比如晶格在微小的尺度上有很好的对称性，但随着尺度变大，大晶体的对称性就要低很多。

虽然对称性是大自然的主旋律，它带来了结构性的美感，但对称性破缺打破了"完美"，它让世界变"脏"了，变得更有活力，更多姿多彩。

三、科学之美的思考偏好：奥卡姆剃刀

曾经有记者问爱因斯坦，万一你的相对论错误了呢？爱因斯坦回答说：如果是那样，我会为上帝感到遗憾，因为相对论实在太简洁了。

简洁之所以为美，是因为它直抵事物的本质，不搞那些装神弄鬼有的没的，这正是"奥卡姆剃刀"被提出来的初衷。在14世纪的西欧，出现了一种烦琐哲学，哲学家天天咬文嚼字地争论一些空中楼阁的事情，一位来自奥卡姆的修士威廉很反感这种无休止的争论，开始倡导讨论要依照事实存在的东西，剔除那些空洞无物的累赘，形成了一种哲学理念，后来人们为了纪念他，把这个理念命名为"奥卡姆剃刀"。

"奥卡姆剃刀"通常被阐释为"如无必要，勿增实体"，也可以表述为"如果你有两个或多个原理，它们都能解释观测到的事实，那么你应该使用简单或可证伪的那个，直到发现更多的证据"，它的重点是假设少。

什么是假设少呢？

比如我们的影子，不仅总是跟随我们，还会发生变形。这种现象可以解释为是一种光学现象，人体遮住了光的传播，光不能穿过人体而形成了较暗区域；也可以解释为是我们的灵魂，影子是每个人灵魂出窍的体现。

第二种解释看起来很不靠谱，但你没办法反驳，你怎么知道我的影子就不是我的灵魂外现呢？很多诸如此类的荒谬言辞都没办法证明它是错的，只能动用"奥卡姆剃刀"把它砍掉。

第一种光学解释，不仅可以解释人的影子、石头的影子，以及各种遮光的现象，还能精准计算出影子形态的变化。但如果影子是灵魂出窍，就需要定义清楚什么是灵魂，还要解释为什么有时候灵魂出窍有时候却没有，为什么灵魂会变形，为什么石头也有灵魂……

根据"奥卡姆剃刀"原则，我们只能选择第一种解释方式，仅用一条规则就能涵盖所有遮光现象。如果用第二种解释，会引入各种模糊不清的说辞，衍生出大量争论，拖泥带水，不够干净，没有实验支持，很难达成共识。

"奥卡姆剃刀"之所以是更高级的审美，因为它简洁，不过多引入假设，未经证实的假设越多，出错的概率就越大，"奥卡姆剃刀"是接近真理的一种方式。当然，有些理论确实非常简单，但要是简单到无法精准描述客观事实，也是不行的，所以爱因斯坦还有一句名言：一切应该尽可能简单，但不能过于简单。

什么是科学的审美呢？归根结底就是用最简洁的方式直达事物本质，无论是数学、实验、对称性还是"奥卡姆剃刀"，都是为了这个目的。科学并非是绝对理性的学科，它有自己的品位。

107. 迷信科学？

我在做科普的时候，经常看到网友留言说像相对论、热力学、量子力学这些物理理论在未来都有可能被推翻，科学也可能是错的，所以不要迷信科学。我在某些场合也会听到诸如科学主义、科学宗教这些词，科学很容易给人一种极端理性、科学权威不容置疑的印象，所以这篇文章想跟大家分享一下，相信科学到底是在相信什么。

首先，科学不总是对的，它经常出错。

有人问《自然》的一位主编约翰·马杜克斯："《自然》中有多大比例的内容是错的？"马杜克斯回答说："所有的。"

《自然》杂志中的所有内容都是错的，这位主编并不是谦虚，他说的是事实，科学有非常多的局限性，科学理论都在不停地修修补补，有大量理论被扔进了垃圾堆。曾经的地心说、热质说、以太说等，都在一定时代背景下发挥了作用，现在已被抛弃。

除了上面这些过时的理论，还有很多经受住了实验验证的理论，像相对论、粒子物理等都已经很广泛地参与实际运用了，那实践是不是就可以证明它们的正确性呢？

也不一定，即便一个理论有用，也不能说明它就是正确的，比如牛顿经典力学，严格来说它就不是一个正确的理论，对于大尺度的运算是不准确的，但它对低速运动的计算是可行的，可以作为一种近似的运算工具，这就是典型的有用但不正确。类似于经典力学，今天公认的正确理论在未来都可能被更先进的理论替代。

科学也常常被各种声音裹挟，甚至可能被某些利益集团利用，比如美国制糖业和烟草业都曾找科学家背书，希望以科学之名告诉大众糖和烟草是无害的，甚至是对人体有益的，实际上，大量数据反驳了这一观点，糖和烟草对人体有显而易见的害处，市面上总会存在被污染的科学噪声，有大量伪科学横行。

除了被利益集团裹挟，科学家们也同样会犯错，包括爱因斯坦本人就犯过不少错，他在世的时候曾说，在方程中加入"宇宙常数"是他犯过最大的错。不仅仅是宇宙常数，爱因斯坦提出量子纠缠的思想实验来反驳量子力学，他认为量子力学是荒谬的，但后面越来越多的实验表明，量子纠缠是存在的，爱因斯坦错了。除了这种大错误，爱因斯坦还犯过一些小错误，他发表过错误的数学方程，他的一些科学观点也变来变去，像他这样神一般的存在，竟然也有"不可信"的时刻，那我们怎么能对科学家说的话盲从呢？

科学会犯错，科学家会犯错，那我们为什么还要相信科学呢？到底是在相信什么？

对我自己来讲，相信科学是相信科学的三个部分，一是科学方法论，二是科学共同体，三是科学背后的精神气质。这三点让我愿意成为一个科学爱好者。

一、科学方法论

首先，科学的本质不是一个结论，而是一套探索世界的体系，它包括提出假设—寻找证据—得出结论—再寻找证据—再修正结论，现行的科学结论永远等着被修改，所以，科学体系不是固守当下的科学结论，而是希望改进甚至推翻当下的科学结论，只要它能更接近真理。因此，科学方法杜绝了迷信，如果哪一天有人发现了新的证据，证明相对论是错的，我想爱因斯坦要是知道的话，会是最高兴的那个人。

对于科学的特殊性，现在主流的看法是科学具有"可证伪性"。什么是"可证伪"呢？它是相对于经验主义的，经验主义认为科学的重要性在于可验证，英国哲学家艾耶尔在《语言、真理和逻辑》一书中提到："一个陈述可以被认为是有意义的，当且仅当它可以通过观察得到证实时。"

证实派有明显的逻辑漏洞，到底需要多少次观察才能确认一个结论是正确的呢？就算我们观察了成百上千只天鹅，它们都是白色的，我们就可以认定所有天鹅都是白色的吗？直到某天意外地发现黑天鹅的存在，撞见著名的黑天鹅事件。所以经验主义批判哲学家波普尔引入了"可证伪"的概念，它认为科学家不应该去寻找可以证实自己理论的观察，而是要寻找能反驳它的观察，也就是证伪。如果没有可证伪性，那么任何一个观点都能找到大量支持的证据，公说公有理婆说婆有理，每种观点都能自圆其说立于不败之地，最终是无法辨得正确答案的。

比起其他学科，物理研究的对象是大自然，它更接近"客观实在"，更加具有"确定性"，更接近"永恒"，大自然不会因为人的意志发生变化，认识它的过程就是寻找真理的过程。另外，科学是一个必须要接受被打脸的学科，正是因为它独特的探索方式，接受质疑是必然迭代的过程。

相信科学不是要盲从结论，而是信任一种探索世界的方法。正如朗吉诺所说："伽利略、牛顿、达尔文、爱因斯坦，毫无疑问都是具有非凡智力的人，但令他们的思想成为知识的是后人批判性接受的过程。"

二、科学共同体

做科普后会遇到很多反科学的人，他们会说科学不是万能的，科学是骗人的，不要迷信科学。我个人认为，一些看上去"理中客"的反驳，不仅不会让自己更智慧，反而会让自己在获取知识这条路上走弯路。

现在公认的科学结论，虽然有一天可能会被推翻，但也是世界上最聪明的大脑，像伽利略、牛顿、爱因斯坦、费曼这些人前赴后继，花了几百年的时间，做了无数次实验得出的结论，要否定这些结论，当然可以，但最好拿出强有力的证据，而不是用"科学不是万能的"这种朴素的思辨就随随便便否定。我们明明可以直接站在巨人的肩膀上看世界，却要用粗浅的怀疑精神去对抗这个巨人，这不是什么勇敢的独立思考能力，而是对科学发展进程了解太浅。但凡对科学有一点了解，就知道现在的科学发展早不是一个人头脑风暴就可以推进的，而需要大量的经费、大量的人才、大量的智力投入才行，光是一句轻飘飘的不要迷信科学就想消解科学的正确性，这是站不住脚的。所以，相信科学才是大概率让我们接近真相的捷径，除非有一天谁拿出了新的证据。

所以，我们相信科学，本质上是在相信科学家们的共识，也就是科学共同体认可的东西。

关于什么是科学共同体，微生物科学家弗莱克曾经提出："科学事实是一群科学家们的集体成就，他们共同的思维方式使他们能够一起工作，共享信息，并且以有意义的方式解释信息。"

哲学家库恩提出："科学理论的更替并不是由理论与观察之间的逻辑关系决定的，而是由科学家共同决定的。"对库恩来讲，"科学家们做的事情就是科学"，全世界物理教科书上的东西，其实就是科学家的智慧结晶。

科学家决定科学思想这一观点，德国物理学家普朗克也曾说过，他在自传里提到："一个新的科学真理，并不是通过说服对手让他们开悟而取得胜利的，往往是因为它的反对者最终死去，熟悉它的新一代成长起来。"

所以科学是什么呢？是科学家们的集体共识，我们在补牙的时候相信牙医，在修冰箱时相信维修工，在研究世界时相信科学家的集体共识，我们相信专业。

科学家的"集体思想共识"，听起来像某种不得不听信的权威，这让很多人产生了抵触情绪，听信某种权威似乎就是抛弃自己的自由思考。所以我一直认为，相信什么是一个人的自由，并非所有人都必须相信科学，我相信科学共同体也是我的自愿选择，因为我欣赏他们的研究方法，我享受着他们带来的工作成果，我跟他们秉持着同样的理念，同时我必须承认，他们的集体智慧远远大于我的个人能力，所以我选择信任他们，得以让我在获取知识的路上走捷径。

当然，科学家内部并非都秉持着同样的价值观，也并非对所有事情的看法都达成了共识，也不是要相信某一个孤立的科学家，而是要相信科学家们这一集体，因为某个科学家可能出错，可能受到某个利益集团的左右，但科学共同体最大可能稀释了这种个体错误。所以，我需要分辨哪些内容是科学家们的共识，哪些内容在科学家内部存在争议，哪些是假借科学家之名的歪理邪说，在这个灰度的空间里，我会有我的主观判断。

三、科学的精神气质

"学科学有什么用？能帮助我搬砖吗？"这是我最常收到的评论之一，实用性和功利性是我们学习很多知识的动力，既然在上面花了时间，总要得到点什么实际的回报吧？作为一个非科研工作者，我追随科学最主要的目的恰恰是它的非实用性，学习什么是黑洞、什么是薛定谔方程、什么是引力波，是为了体会一种精神气质，这种精神气质弥漫在所有科学知识中，它包含了好奇心、多样性、自由和快乐，这一切本质上是为了满足对自我的探寻。

追寻科学为什么就是在探寻自我呢？哲学家斯宾诺沙曾说"自由是对必然的认识"，英国哲学家波普尔曾说"通过知识获得解放"，我们追求知识的过程，包含着对永恒的渴望，希望找到那些宇宙真理，这些真理不受地域历史文化的左右，它存在的时间甚至比人类历史更长久，这些知识代表着我们对永恒的渴望，是自由的终极保证。追求事物的本质，就是在认识事物自身的本性，也就是在理解我们自己，理解我们自身存在的本质。（参考《什么是科学》）

从小到大，我就觉得自己意识里存在某种蠢蠢欲动的渴望，我并不聪明，不知道这些渴望是什么，是迷惘的。但在学习科学时，我通过科学家的视角，看到了他们极致的好奇心、勇气、对失败的态度、美好的智慧、对思想自由的追逐，即便作为一个科学旁观者，我也能在学习科学的过程，释放个人的好奇心，更看到了大自然的美妙。科学是一股强大的能量，这种精神气质才是我愿意追随科学的主要原因。

科学不仅是理性主义的，同时是柔软美妙的，这是我被它深深打动的原因。

108. 量子计算机和量子通信

我们偶尔会在新闻中看到量子霸权的消息，量子技术似乎拥有着霸主的地位，能解决传统计算机解决不了的问题，是未来科技的发展方向，这篇文章简单介绍一下量子计算机和量子通信的基础原理，由于它的技术难度很大，只用一篇文章讲明白是很难的，所以我写这篇文章的目的是让大家对量子技术有个模模糊糊的感知，至少在听到此类科技新闻时不会特别无感。

量子技术的理论基础是量子力学，量子力学是研究微观粒子的力学，它的运用在生活中无处不在，比如核磁共振、激光、半导体等都涉及量子力学，宏观物体的性质也是由其微观结构导致的，量子力学覆盖的范围很广，不过媒体提到的量子技术一般是指量子计算机、量子通信、量子精密测量，这里主要介绍一下量子计算机和量子通信。

一、量子计算机

我们现在用的计算机叫电子计算机，顾名思义，它是利用电子或电流来传递信息，理论基础是电磁学。电子计算机存储信息的最小单位是比特，1 个比特大约需要百万个原子，8 比特相当于

1个字节, 1024个字节相当于1KB, 1024KB相当于1MB, 1024MB相当于1GB……粗放地理解, 计算机可存储的信息量越大意味着它的算力越强。

量子计算机的理论基础是量子力学而不是电磁学, 它存储信息的最小单位是量子比特, 量子比特和电子比特所体现出来的区别正是量子计算机和电子计算机最基础的区别。量子是物理量的最小单位, 比如光的最小物理量就是光量子(简称光子), 量子计算机可以根据任务特性, 选取不同的量子, 现在市面上既有光量子计算机"九章", 也有超导量子计算机"悬铃木"。

既然被称为量子比特, 它就具有量子该有的特性: 量子叠加, 这是电子比特不具备的特征。电子比特只有0和1这两种状态, 它要不表达为0的状态, 要不表达为1的状态, 而量子比特可呈现的状态远远不止0或1这两个, 可以是无数个。量子叠加的意思是量子在没有被测量的时候, 处于0和1这两种状态的叠加, 甚至还可以调整这两种状态的比例, 比如40%的0和60%的1, 或者10%的0和90%的1。这种解释不够准确, 但大致是这个意思。一个量子比特所能承载的信息是远远大于一个电子比特的, 100个量子比特能排列组合出来的信息量, 是远远大于100个电子比特能组合出的信息量的, 因此在算力上, 量子计算机远远超过传统计算机, 所以我们经常在新闻中听说电子计算机几万年才能计算出来的结果, 量子计算机十几秒就解决了。

量子计算机并不是要完全替代电子计算机, 大部分情况下, 我们使用电子计算机就够了, 根本不需要成本高昂的量子计算机, 量子计算机适合解决某些特殊问题, 比如潘建伟团队的光量子计算机"九章"用于处理高斯玻色子取样的任务，它的取样速度比现阶段最强的超级计算机强一百万亿倍，但这台机器还只能处理这一类问题，并不能处理通用问题，它实现霸权的地方并非能处理经典计算机做不到的事情，而是它在算力上指数级碾压电子计算机，把原本需要很长时间才能计算出来的"特定"难题，以超级快的速度解决了，大大压缩了计算时间。

量子计算机的问世会严重威胁到现今的密码体系，所有密码都是数学编译的，有些密码足够复杂，以至于凭借现在的计算机很难算出来，量子计算如果成熟的话，会成为所有密码的噩梦，它可以破译所有密码，当然，除了量子信息密码。

二、量子通信

量子通信在广义上来说包含量子隐形传态和量子密码，但现阶段一般说的量子通信指的是量子密码，它也是这篇文章主要介绍的对象，比起现在的通信方式，量子通信更高级的地方在于绝对保密。

我们在通信的时候不希望被他人窃听，我们的银行密码不希望被盗取，这些都需要加密，现在所有的加密方式是建立在数学算法上的，比如你想给你的恋人发一个单词 love，但是不想被别人看到，就加个密码，让所有字母都按字母表上的顺序后移一位，变成 mpwf，那么 love 就是明文，mpwf 就是密文，"所有字母后移一位"就是密钥，对方收到密文后，使用密钥就能破解你原来的意思。

现阶段再复杂的加密方式，本质上也是数学的，是可以通过计算解开的，只不过复杂的密码需要的运算量很大，很难解开。而量子计算机一出来，现在的通信方式可能就很不安全了，所以对付量子计算机破译的方式，就是发明量子通信，它的加密方式不是建立在数学算法上的，而是建立在量子力学上的，理论上它永远不可破译，能从根本上解决信息安全问题。

量子通信到底是怎么工作的呢？其实量子通信更应该叫量子密钥分配，它并不传输信息，只分配密码，也就是说，你的信息还是通过正常的通信手段完成，比如用日常的社交软件发送，而解开这个信息的密钥却是通过量子通信来传递的，至于这个密钥为何是绝对安全的，就涉及量子力学中的不可克隆原理了。

讲一下大致的过程。如果我要发一条量子加密信息给你，就需要用量子通信分配的密钥加密成密文，把密文发给你后，你再用量子通信分配的密钥解密。要实现这个密钥分配的过程，就需要制备一对处于纠缠关系的量子，一个留在我自己这里，另一个传给你。只要通过特定方法测量我们手中的量子，量子一经测量就会坍缩成确定的状态，又因为这两个量子是纠缠的，此时我们就能得到一个彼此"匹配"的密钥，这个密钥能保证绝对随机，只使用一次就报废，是不可克隆的。

如果出现第三方窃听者，想要破译这个密码，他偷偷拦截传输中的量子密钥，然后测量这个量子的状态以获取密钥，但是他只要一测量，量子就会发生坍缩，他就再无法复制同样的量子给你，只能做一个假的。你如果收到一个假量子，测量出来的数据就跟我设定的密码不一样，我们一核对，就能立马发现有人窃听，就可以马上换一个信道传输。

在量子力学的原理上，彻底解决了通信安全问题，就连量子计算机都无法破译量子密码，除非哪一天量子力学被全盘推翻。现在这方面最先进的是中国潘建伟教授带领的团队。该团队还实现了卫星传递技术，不过现阶段技术还在萌芽阶段，离商用还有一段距离，它跟可控核聚变一样，都是值得期待的未来技术。

109. 物理这门语言

我曾经看过一部科幻电影《降临》，它讲述了外星人登陆地球后，试图用外星语言跟人类交流，人类语言学家露易丝·班克斯通过跟外星人的互动读懂了对方的语言，而后她发现自己开始学会了外星人的思维，脑海中的时间线被打破，变得跟外星人一样可以预见未来，植入对方的语言就意味着习得这种语言背后的思考方式。

物理是什么呢？对我来说，物理就是一门语言，它跟艺术、宗教、哲学一样，都是一种描述世界的方式，只不过采取了不同的方向。物理最大的不同是它最需要被验证，或者具备可证伪性，只要一门物理语言被证明跟现实不符，那就只能被推翻了。而艺术、宗教、哲学，只要能自圆其说，有人喜欢或有人信仰就可以了。所以我特别喜欢问朋友一个经典的问题，你觉得牛顿运动定律是牛顿发现的，还是牛顿发明的呢？

我会倾向于认为牛顿运动定律是牛顿发明的，牛顿是一个语言大师，他发明了一套语言体系来描述宇宙，将宇宙的状态表达给大众，在一定的历史时期内，他这套表述是非常耐用的，不仅在数学上能自圆其说，大自然还很好地迎合了他这套理论。其实当年不光牛顿，还有很多科学家都对宇宙有自己的解释，但都不如牛顿的理论经得住现实考验，随着时间推移，人们发现牛顿这套工具也开始捉襟见肘了，在更大尺度的运算上也不准确，直到爱因斯坦的相对论诞生，才取代了牛顿运动定律。

所以，我是把物理当语言来学习的，学久了自然会跟《降临》里的情节一样，习得物理背后的一套思维方式，或者叫作物理叙事。这套叙事方式不仅仅会在学习上影响我，也会溢出到我的生活中，左右我的生活选择，甚至会影响我的日常表达方式。

比如，我习惯用"光谱"来描述自己的感受，而非纯粹的好与坏，对一件事物的好恶几乎都存在灰度。有时候我说喜欢某件事，可能只是 80% 的喜欢，剩下的还有 10% 的不喜欢和 10% 的不了解，这个配比很可能是动态变化的，只不过在当下喜欢的占比偏高而已。人的主观体验往往像光一样是复合的，存在多个影响因子，很难提纯，所以我会用光谱或一个模型去描述我的感受，喜欢或不喜欢，开心或不开心，爱或不爱，哪种感受占主导，取决于哪部分被更多地唤醒。

丘吉尔说"你塑造你的房子，然后房子也塑造你"，科学就是这栋房子，它改变了我对很多事情的看法，包括对因果关系的判断，对什么是客观真实的认知，对概率的认知，我的思考方式也会受"奥卡姆剃刀"的影响等，下面分享几个渗透到我个人生活中的思路。

一、在不确定性中找到安全感

追求确定性是人的本能，我们都太渴望安全感了，希望有一条确定的道路，我们可以预见性地准备对策规避风险，可惜生活中不存在这样的好事，危机随时可能发生，不确定性才是常态，所以在很多成功学的场合我们都能听到"拥抱不确定性"的口号，似乎拥抱不确定性是一句合理的安抚，但道理归道理，当不确定性真的在现实中到来时，无论理智上多么清醒，在情绪上仍然倍感焦虑。学习物理的功效之一，就是让我在感性上接纳了不确定性，而非只是理性懂得这个道理，为什么呢？因为物理提供了一套关于不确定性的超强叙事，这套叙事完全说服我了，它让我明白不确定性就是宇宙的本源，这个道理是多么平常多么永恒。

不确定性原理是由海森伯提出来的，它以前被翻译成测不准原理，指的是粒子的一些共轭量无法被同时测量，比如位置和速度，如果要精确测量粒子的位置，它的速度就难以测量，如果要精确测量粒子的速度，它的位置就难以测量，看起来像是人类的能力有限所以测不准，但实际上测不准原理的翻译是不准确的，粒子不是测不准，而是它的本质就是不确定的，它就不能同时拥有位置和速度，组成世界的基本单元竟然是如此无法捉摸的。

除了不确定性原理，复杂科学里也有大量充满随机性的现象，即便这种随机并非真随机，已足以让人们束手无策。那么理解自己的局限性，知道有些事情不存在规律，没有必要强行从不存在规律的事件中找到因果关系，或者是一件事背后的隐变量太多了，我们能获取的有效信息太少，以至于我们很难从这些残缺的信息中总结出问题的根源，难免出现归因错误。所以，接纳随机性的安排，让概率的思维方式真正地融入生活中，即便运气不好碰到小概率事件，也不用疑神疑鬼，什么都可能发生，这就是自然规律，我们能做的也只是让自己尽量靠近好的概率池，增加好事发生的可能。

在学习物理后，我对生活的控制欲降低了很多，更愿意把命运交给规则、交给概率，在生活中遇到不确定性时，会相对有安全感，甚至期待置身于不确定的洪流中，因为这就是世界的本质。

二、对真相的理解

我曾经以为物理是绝对的，它是一门关于"客观实在"的学科，它的使命是研究大自然，大自然不以人类意志为转移，我们相信它有客观规律，但学习物理的过程会让我对此产生怀疑。不可否认，世界有一定的客观规律，但也许这种客观取决于我们人类的认知方式。就像热力统计学家玻尔兹曼认为的那样，人之所以会察觉熵增的存在，是因为我们人类看待世界的方式是模糊的，我们无法清晰地辨识一些事物的状态，以至于会把这种无法辨析的状态定义为混乱，并能察觉出有序和混乱的区隔。也许对于高智能的外星人来说，他们理解的宇宙规律跟人类眼中的完全不同，就像《降临》里的外星人，它们脑海里的时间是非线性的，意味着在这些外星人的认知里并不存在熵增。所以宇宙是什么样子的，取决于我们如何看待它。

物理学是关于人类如何看待自然的理论，在学习量子力学的时候，不同科学家有不同的看法，科学界存在不同的理论模型，什么哥本哈根解释、退相干解释等多达十几种，这些都是基于不同实验结果和不同思考方式诞生的。哪种理论取得更多科学家的认可，哪种理论就拥有解释权。这些理论都存在过争议，科学不是铁板一块，就算是某些主流的科学观点也并非无懈可击，再加上不确定性原理告诉我们，我们的观测方式，也影响着观测结果，那这个世界到底有没有唯一的真相呢，有没有绝对的客观实在呢，都很难讲。所以现在我再看《罗生门》时，关注的焦点也不再是事情的真相，纠结真相的前提是认为一件事存在公认的客观事实，但世界何其复杂，视角不同看到的真相就不同，真相会因为每个人的立场差异变得千人千面，人与人之间大部分的分歧，都是不同思维方式之间的较劲，所以理解对方的立场，理解每个人心中不同的价值排序，更有可能在分歧中达成谅解。

另外，物理提醒我在思考问题的时候，要保持一定的弹性，注意事物的尺度，尺度不同评判标准就不同。正如宏观世界和微观世界的差异，虽然宏观物质都是由微观原子构成的，但因为尺度差异很大，它们的运行规律就有区别，适用于宏观世界的牛顿定律就不能用到微观世界中，所以，拥有一定的思维灵活度，不用同一把尺子去衡量所有的事情，面对不同维度的事情，可以灵活切换不同的评价体系。

这么说似乎太唯心了，思考标准怎么能变来变去呢，太不靠谱了吧。对于我来说，灵活度也是有适用范围的，并非滥用。比如，跟科学相关的结论我相信科学共同体的，跟艺术相关的评断我相信自己的审美感受，跟朋友相处时的愉快度又变得尤为重要，有时在社交场合会遇到爱谈星座或塔罗牌的朋友，我不相信玄学，也不认为这些东西有用，但不影响我跟朋友聊塔罗牌时的愉悦，尊重朋友的感受才是我在意的。如果任何场景下都以科学为金标准，那生活会充斥着我应付不了的摩擦。

三、物理语言中的感性

很多人认为做科学研究是一件很枯燥、极端理性、很一丝不苟的事情，但实际上感性的想象力在科学中发挥着很重要的作用。我之前看菲尔兹奖得主法国数学家维拉尼讲，做研究很重要的步骤，是用直觉来猜测正确的问题和正确的解决方案，然后用逻辑来加以证明，这些直觉就是建立在想象力之上的，科学家的工作很像在做侦探，去解开一个个谜团。

比如说 1673 年，法国天文学家让里歇尔发现同样的一个钟摆在赤道附近时要比在法国时更慢一些，为了减少时间上的误差，他必须要把钟摆缩短才行，但他不知道为什么，牛顿就根据这个情况，提出了大胆的猜想，为什么会出现这个情况，会不会是因为我们的地球不是正球形，而是两极稍扁的。后来有大批科学家进行了实地测量，发现测量结果确实像牛顿预测的那样。

牛顿这样的人就是敢往这种反常的方向去联想，而且科学的过程不仅仅充满着猜想，还有很多偶然，比如说灵感这东西就很捉摸不透，有些科学家在洗澡的时候发现灵感，有些科学家在海边散步时发现灵感，这一点其实非常像艺术家，那些无意识的本能、运气和一些随机试验，在科学中其实发挥着很大的作用。

所以，不要认为科学家是纯理性的、一板一眼的，往往理性和感性就像一个硬币的两面，聪慧的理性有多发达，充满想象力的感性就有多强大。我甚至觉得爱因斯坦就是最棒的艺术家兼最棒的语言学家，他把大自然当作自己的画布，他赋予这张画最顶级的想象力，这种想象力是绚丽的，是脑洞大开的，平庸的脑子是想象不出"时空弯曲"这种诡异的画面的，更关键的是这种想象竟然真的奏效，大自然竟然跟随他的这套脑洞，你说时空弯曲吧，好啊，那我就配合你的演出，弯曲给大家看，现实跟理论发生了奇妙的呼应。

好的理论就是一套高级的语言，一部美妙的作品。

110. 悖论和佯谬

　　思想实验是一种只在脑子里进行的实验，有些实验在现实中的实施难度太高或者根本无法实施，只能靠科学家的想象力来完成。科学家会提出很多古怪的问题，这些古怪的问题在实用主义者看来，可能是没有必要的空想，但这些思想在哲学或科学上占有极其重要的地位，比如"薛定谔的猫"、EPR 佯谬、双生子佯谬等都是著名的思想实验，它们推动着科学的进步。悖论或佯谬是思想实验中重要的组成部分，悖论和佯谬的英文翻译都是 paradox，大致意思是相近的，指的是逻辑上不通顺的地方，不过悖论更强调一种自相矛盾的逻辑，比如下面这句话："我在说谎。"

　　如果这句话是真的，那么说话者是在说谎，既然在说谎，这句话又应该是假的。像这样前提和结论自相矛盾的就是悖论。而佯谬更是一种似非而是的逻辑，它表面上看起来是不合理的，但实际上又是真的。对于普通读者来说悖论和佯谬可以混用，不必太过区分。

　　哲学家康德说，当人们的认识从感性阶段进入理性阶段时，必然陷入悖论。因为我们对世界的认知是层层递进的，当我们的认知层次从低档走上高档时，必然面临着一个问题，曾经熟悉的认知系统不再适用于新世界了，不可避免地发现各种思维矛盾，所以，如果在科学中察觉悖论的存在，很可能伴随着新发现的诞生。佯谬就像科学探索中的一把钥匙，它短期会造成大家的"认知失调"，对科学逻辑造成冲击，但只要找到解开佯谬的钥匙，就会带来科学认知体系的大升级，推动着人类进步，正如爱因斯坦提出的 EPR 佯谬，基于此设想在日后发展出了量子通信技术。下面分享一些物理学上的著名佯谬，体会一下常识是如何被打破的。

一、自由落体悖论

我们都听过著名的比萨斜塔实验，时年 25 岁的伽利略站在比萨斜塔上，让两个质量不同的铁球同时从塔顶竖直落下，结果是这两个铁球同时落地。这个实验告诉我们自由落体的加速度是一个固定的数值，它不受物体质量的影响。在这个实验之前，大家对落体问题的看法是基于亚里士多德的理念，他认为影响物体下落的速度和物体的重量是成正比的，这非常符合生活常识，一片轻薄的羽毛总是比一块大石头下降速度更慢，所以这个观念持续了 1900 年，期间鲜有人质疑，但伽利略的实验打破了当时的"常识"。

实际上，比萨斜塔实验存在争议，伽利略本人可能没有做过这个实验，这个故事只被记录在很偏门的著作中，不排除是旁人编撰的，但就算伽利略没有亲自做过这个实验，他也在逻辑上推翻了亚里士多德，他在《两门新科学的对话》中写道：

"如果按照亚里士多德的理论，假设有两块石头，大的重量为8，小的重量为4，则大的下落速度为8，小的下落速度为4。当两块石头被绑在一起的时候，大石头的速度会被小石头的速度拖慢，小石头的速度会被大石头的速度加快，所以两个石头被绑在一起后的下落速度在 4 与 8 之间。但是，两块绑在一起的石头的整体重量为 12，下落速度就应该大于 8，这就陷入了一个自相矛盾的状况。"

伽利略用亚里士多德的逻辑推导出了自相矛盾的地方，为了解开这个悖论，伽利略得出了著名的自由落体定律，为后面牛顿定律的创立奠定了基础。

二、费米悖论

费米悖论是物理学家费米提出来的，这是一个关于外星人是否存在的问题。费米认为，银河系有数量众多的星球（恒星数量为大约 2500 亿颗），地球只是其中非常平庸的一颗，在星球数量如此庞大的情况下，就算生命存在的概率极低，也一定还存在数量众多的、比地球生物演化时间更长的高等外星文明，而高等文明都具有对外扩张的倾向，以寻找新资源，哪怕以人造探测器的缓慢飞行速度也只需要几百万年就能飞往银河系的各个星球，这几百万年对于整个银河系的年龄来说是非常短暂的，所以，如果有演化时间更长的外星人存在，那么他们应该已经造访过地球，既然造访过地球，为何人类从来没有发现过外星人存在的蛛丝马迹呢，这似乎又说明了外星人并不存在，而如果外星人不存在，那么生命的诞生就是极小概率事件，这表明地球环境并不平庸，地球是极其罕见的，这又违背概率。到底外星人是存在还是不存在呢？这就是费米悖论。

费米悖论在天文学中的影响是很大的，很多科学家对此做出过解释，大致分为 3 类：一是宇宙中不存在外星文明；二是外星人其实已经造访过地球，只是我们不知道；三是外星人存在，但它们因为各种原因暂时无法造访地球。

媒体时不时会爆出外星人存在的内幕消息，什么 NASA 已经发现了外星人的踪迹云云，这些消息并没有得到科学共同体的确认，有很多漏洞，所以暂且不能当作证据。

三、奥伯斯佯谬

我们现在知道，宇宙是在加速膨胀当中的，可在一两百年以前，静态宇宙理论深入人心，当时的科学家都认为宇宙是静止的、均匀的、无限的，就连爱因斯坦都曾引入宇宙常数来说明宇宙的静态，宇宙常数被爱因斯坦称作是自己犯过的最大错误。

1826 年德国物理学家奥伯斯在仰望天空时异想天开，他想如果宇宙是无限的、静止的，那么宇宙中的恒星数量也应该是无限的，也是均匀分布的（如果不是均匀分布，宇宙会因为天体不均衡的引力发生动态变化），同时因为宇宙存在了无限长的时间，天空中再远的恒星的光也会传到地球上，如果是这样，我们在地球上随便向哪个方向望去，都应该会看到无数颗明亮的星星，夜晚的天空会像白天那样明亮，而不会有黑夜。他发现理论与现实存在悖论。

那么会不会是因为很多恒星离我们太远了所以看不到呢？恒星的亮度确实跟它与地球的距离成反比，距离越远的恒星亮度越低，但问题在于，距离半径越大，恒星的数量会随着空间范围的增大而变得越多，恒星数量增多带来的光强增大会"抵消"距离增大导致的光强减弱，所以我们能看到的距离越远，就会看到无限多颗恒星的光亮。

那么会不会是宇宙尘埃或气体把一些恒星的光吸收了，所以才看不到呢？如果是宇宙空间中的其他物质挡住了恒星的光，这些物质吸收光的热量后也会发光，同样会把天空照亮，所以这种说法也站不住脚。

如果宇宙是无限的，就算恒星再遥远，它的光也会经过无限长的时间到达地球。可惜事实并非如此，我们知道远处的恒星之所以无法探测，是因为光还没有传导到地球上，这说明宇宙的年龄是有限的，恒星并不是在无限久之前就开始发光的，在有限的时间里，光还来不及到达地球，在这里势必会衍生出一个灵魂拷问：第一束光是怎么从无到有诞生的？这个问题正是宇宙大爆炸理论的引子。

奥伯斯佯谬在天文学中占据很重要的地位，它从逻辑上对静态宇宙学说提出了挑战，也为宇宙大爆炸理论提供了逻辑基础，它标志着宇宙学思想的萌芽。

物理学中有很多悖论或佯谬，祖父悖论、EPR 佯谬、双生子佯谬、贝尔太空船悖论、达朗贝尔佯谬等，每一个都是极富想象力的，更重要的是它们并非空洞的发问，而是揭示了物理学本质的矛盾，推动了理论进步，这是它们存在的意义。

111. 探索的勇气

　　伽利略说追求科学需要特殊的勇气。什么是特殊的勇气呢？它不是一种简单的态度，而是一种弥漫在整个科学体系中的文化，它影响着科学决策，因为科学并不是乖乖在那里等着被发现，然后就能自然而然被大众接受的，它面临着很多争议，有很多文化挑战，关键时刻都需要勇气的作用。在我看来，勇气最重要的部分是诚实，理查德·费曼对此的描述是：相比起"野狐禅科学"（伪科学），真正的科学有一个特征，是科学的正直品格，是科学思想的原则，是一种彻底的诚实——一种把脊梁骨向后挺得笔直的风度。

　　彻底的诚实，要做到这点可不容易，一种是对自己的诚实，不知为不知的勇气，会意识到"I don't know"的部分，另一种是对世界的诚实，发现知识体系的漏洞，勇敢地对权威说不的勇气，察觉"we don't know"的部分。费曼讲过船货崇拜和密立根油滴实验的例子，来帮我们识别什么是不诚实。

　　船货崇拜是一种宗教，在一些落后的部落出现，当与世隔绝的土著部落看见外来的先进船货时，搞不清楚其中的原理，就会当作神来崇拜。二战时期，美军在某些小岛上建立了临时基地，当地的岛民对军舰和军用飞机十分惊讶，从来没见过如此的高科技，看着美军驾着飞机降落，还给自己带来了物资，于是把美军当成神来崇拜。美军走后，留下了一些货物和军服，土著人认为这些物品同样具有神奇的力量。他们希望飞机能再次降临，因此他们捣鼓出了类似飞机跑道的东西，在跑道两边点了火堆，还造了一个木屋让男人坐在里头，头上戴着类似天线的东西，这个男人是领航员，等待着飞机着陆。这些人认为，这些船货本是属于他们自己的，终有一天，在祖灵的帮助下，这些货物会以宗教的方式回到他们手中。最有名的是瓦努阿图塔纳岛的"约翰·弗鲁姆教"。

这些人脑补出了整件事的合理性，他们认为用这种方式可以让飞机降临，但却没有面对一个事实，飞机并没有真的降临，无论他们怎么祈祷，飞机就是没有再来过，当结果不灵的时候，没有怀疑过自己信奉的这套东西是否存在问题。就像你做一个科学实验，应该把所有可能使实验报告无效的事情都列出来，而不是对那些不利因素视而不见，仅仅把你认为正确的东西报告出来。人是很容易自我欺骗的，我们太渴望找到能自我证明的论据，这个诱惑太大了，以至于不惜把自己当傻瓜，欺骗自己，来证明自己的正确。

罗伯特·密立根是美国一个物理学家，他因为油滴实验获得了 1923 年诺贝尔物理学奖，但这个奖是有争议的，他当年通过油滴实验测量出了电子的带电量，但这个数值在今天来看是不大对的。有趣的是，在密立根之后，其他做这个实验的人做出的数值是随着时间递增的，比如后面这个人得到的数值比密立根的数值大一点点，下一个人得到的数值又大一点点，再下一个又大一点点，最后，到了一个更大的数值才稳定下来。

明明都是实验，测量的都是客观数值，为什么他们没有在一开始就发现最后这个更大的更接近准确的数值呢？因为当后面这些科学家在实验中获得一个比密立根数值更高的结果时，他们会自我怀疑，以为一定是自己哪里出了错，他们会拼命寻找实验错误的原因，当他们获得的结果跟密立根数值相仿时，便不会那么用心去检讨，他们更愿意跟权威站在一起，无视那些离权威相差甚远的数据，而没有正视真实的实验数据。其实密歇根当年就没有公布所有的实验数据，他为了得到漂亮的实验结果，舍弃了一部分自认为有偏差的数据，对这些数据进行了隐藏，代入了先入为主的主观因素，所以这也不能算彻底的诚实。

这两个故事对我触动很大，我虽然不是科学家不用面对实验数据，但在生活中处处遇到做决策的时候，而这种时候，我会意识到体内不诚实的小因子在作祟，这是我在学习科学之前觉察不到的。这种意识帮我改掉了一些小毛病，比如前不久，我戒掉了强迫式做计划的习惯，因为在做计划的时候，我感受到了自己骗自己的成分。

做计划是我维持了十多年的习惯，我每天会把第二天要做的事情满满当当地写下来，每天看书、学英语、工作、写作、运动等，从早到晚安排得非常充实，即便按时完成的时候不多，我还是热衷于这个习惯。这听起来是个好习惯，但我为什么要戒掉呢？

因为做计划太让我上瘾了，它让我觉得生活是有秩序的，在写计划时就好像已经体会到了完成它的快乐，提前透支了一种能量，但实际上这种快感是虚幻的，我经常完不成计划，如果哪天没赶上计划的进度，我会用逼迫自己的方式去完成，如此一来，有限的意志力被消耗，产生挫败感，所以当我没完成计划时，反而产生逆反心理，丧失做事的动力，陷入自我责备。理智思考了一下，好的想法不是计划出来的，不是对自己喊"加油"的口号就能逼出来的，它更可能是偶然产生的，我需要给自己自由度去激发这些想法，增加偶然迸发灵感的概率。同时，我还要根据这些临时冒出来的想法，动态调整我下一步该做的事，不需要按部就班。

　　所以，我必须诚实面对自己，正视自己的局限性，我就是个刚刚跨过及格线的人，有太多驾驭不了的事情，我达不到在计划中幻想出来的那个自己，我只能跟自己好好协商，不追求表面上的自律，不暴力地强迫自己去完成做不到的事。当我想通后，日子开心多了，每天给自己安排的事情绝对不超过三件，就算这三件事简单到半小时就能完成，剩下的时间我也纯粹地休息，以我对自己的了解，不休息肯定没办法好好运转，所以坦然地休息，看电影、听音乐、上上网、晒太阳，这样才可能保证活力十足。强迫式做计划的习惯戒掉了一年，这一年我反而感受到了自己生活的韵律感，而不是疲于奔命，输出力反倒变强了很多。

　　诚实除了是对自己的，还有面对复杂世界时的勇气。费曼还举过自己朋友的例子，他的这位朋友是一位宇宙学家，他要上电台讲解自己的工作，但是不知道如何解释这份工作的实用价值，费曼认为他的朋友就应该诚实地向大家宣布宇宙学就是没有实用价值，但他的朋友觉得如果这么说就得不到赞助资金来进行下一步的研究了。费曼认为这种做法就是不诚实，如果你以科学家的身份出现，就应该向外人解释科学家正在干的事，如果别人不想给你赞助，那是别人的决定。

诚实的表达，有时会付出沉重的代价，特别是当这种表达挑战到权威，挑战到某些团体利益时，诚实需要极大的勇气。当年伽利略的力学理论挑战了亚里士多德的学说，他受到了亚里士多德信徒们的攻击，还因为自己反对地心说受到教会的审判，作为现代科学之父，伽利略晚年过得非常惨淡。我们普通人很难遇到伽利略这样的极端情况，但在日常生活中我们时刻都会表达，难免置身于争议中，在这些时候可以像某些科学家那样多一些勇气，而不是一味地退缩。

我有一度很不喜欢"辩证"，每次听谁说要辩证地看问题时，我就会皱眉头，因为"辩证"容易让决策变成"和稀泥"，会模糊掉一些事的真实答案，会消解去寻找准确答案刨根问底的那股劲。评价一件事"既有好的一面又有不好的一面"是非常安全的，是争议最少的，为了回避冲突，刻意选择"理中客"的表达是非常保险的。我认为这是在回避最重要的问题，因为有些问题存在准确答案，有些事只有简单正确的一面，特别是科学结论，它存在确定性的答案，在对待伪科学时，不仅不需要辩证，更应该直截了当地对伪科学说"不"。所以我有时会想，为什么不能旗帜鲜明地表达观点，勇敢地成为争议者呢？为什么不能尽力找到尖锐的正确答案，却要维持"理中客"的态度呢？

当然，我后来对自己的这个想法进行了修正，在做决策时需要清晰的价值排序，戳中问题的核心，不和稀泥，并勇于承担表达或决策的后果。但是，在分析问题时还是需要辩证的，需要多个看待问题的视角，特别是要站在反对者的视角看一看。做决策和思考问题时采取不同方式，这并不矛盾。我希望，我能有勇气揭穿自己，有勇气消化所有尖锐的声音，虽然这很难。

当然除了诚实，科学中的勇气还体现在很多方面，有些科学实验是需要冒生命危险的，有时还面临着很强的不确定性。史蒂文·温伯格是 1979 年诺贝尔物理学奖得主，他提过一条给科研工作者的建议：要原谅自己浪费时间。在现实世界中，你很难辨别哪些问题在科学上是重要的。比如，20 世纪初，包括洛伦兹和亚伯拉罕在内的几位著名物理学家都致力于以太的研究，但他们想解决的本就是一个错误的问题。你永远无法确定哪些问题的研究方向是正确的，因此你花在实验室或办公桌前的大部分时间都会被浪费掉。但如果你想有创造力，就必须习惯于将大部分时间都花在没有创造力的研究上，习惯于在科学知识的海洋中停滞不前。

在探索的路上有大量默默无闻的人，他们付出了努力却没有名垂青史，这不能说明他们的工作没有意义，证明哪条路是错的，让后来的研究者少走弯路，也是有价值的。